SCHORNSTEIN-HANDBUCH

I. BAND:

DIE THEORETISCHEN GRUNDLAGEN

VON

DR. ERNST SCHUMACHER

MÜNCHEN

HERAUSGEGEBEN MIT UNTERSTÜTZUNG
DER VEREINIGUNG
DEUTSCHER EISENOFENFABRIKANTEN VOM
DEUTSCHEN VEREIN
VON GAS- UND WASSERFACHMÄNNERN E.V.

MIT 38 ABBILDUNGEN

MÜNCHEN UND BERLIN 1936
VERLAG VON R. OLDENBOURG

Druck von R. Oldenbourg, München

Printed in Germany

Vorwort.

Die Unklarheiten, die auf dem Gebiete der Abgasabführung auch in Fachkreisen anzutreffen sind, waren der Anlaß für die Entstehung der vorliegenden Abhandlung. Um den Strömungsvorgang der Abgase in Feuerstätten und Schornsteinen so darzustellen, wie er nach physikalischen Gesetzmäßigkeiten stattfindet, ließ es sich nicht vermeiden, einige bisher übliche aber unklare Ausdrücke auf dem Gebiete der Abgasabführung — wie z. B. Zug, Zugstärke, Auftrieb — entweder ganz fallen zu lassen oder ihnen eine Bedeutung zu geben, die von der jetzt gebräuchlichen abweicht. Ein Fortschritt im Bau und Betrieb der Feuerstätten für Raumheizung, Warmwasserbereitung, Speisenbereitung usw. ist aufs engste verbunden mit der Verbesserung der Abgasabführung. Richtlinien zur Vervollkommnung unserer Schornsteinanlagen können aber nur aus der richtigen Erkenntnis des Strömungsvorgangs der Abgase hergeleitet werden. Deshalb mußte großer Wert auf Eindeutigkeit der Begriffe gelegt werden.

Der für die Ausarbeitung dieser Abhandlung eingesetzte Unterausschuß des DVGW setzte sich aus folgenden Herren zusammen:

Oberbaurat Dr.-Ing. Schumacher, München (als Obmann des Ausschusses),
Dipl.-Ing. Albrecht, Berlin,
Dr.-Ing. Brandstäter, i. Fa.: Eschebachwerke, Dresden,
Dipl.-Ing. Frei, Hamburg,
Direktor Jäcker, i. Fa.: Heinicke, Chemnitz,
Direktor Müller, Dessau,
Dipl.-Ing. Schneider, i. Fa.: Burger Eisenwerke, Burg.

Auch die Herren Professoren Gröber, Berlin, und Marcard, Hannover, ferner Herr Dipl.-Ing. Geck, Dessau, und Dipl.-Ing. van Hove, Berlin, beteiligten sich an der Erörterung dieser Fragen.

Herrn Dr. Schumacher gebührt an dieser Stelle der besondere Dank der Vereinsleitung; denn er hat nicht nur die theoretischen Grundlagen geliefert, sondern auch den Text mit seinen zahlreichen Berechnungen entworfen.

Es ist beabsichtigt, diesem I. Bande (Theoretische Grundlagen) eine Fortsetzung folgen zu lassen, die sich mit den praktischen Fragen der Bemessung, Herstellung und Pflege der Schornsteine für häusliche und industrielle Feuerstätten befaßt.

Müller

Vorsitzender der Abteilung Gasverwendung
im DVGW.

Gerne bin ich der Aufforderung des DVGW gefolgt, als Obmann eines Ausschusses den Entwurf für den I. Band des »Schornstein-Handbuchs« zu verfassen. Seinen endgültigen Wortlaut erhielt es durch die rege Mitarbeit der oben genannten Herren, denen ich für die Anregungen und Beiträge auch an dieser Stelle aufrichtig danke.

Dr. Schumacher.

Inhaltsverzeichnis.

I. Teil

Die Strömungsvorgänge bei der Abführung der Verbrennungserzeugnisse von Feuerstätten.

I A. Allgemeines.

Die Beförderung eines Gases von einer Stelle zu einer anderen erfordert immer einen gewissen Arbeitsaufwand (Energie).

Strömen Gase durch eine Rohrleitung, so ergeben sich daher bei diesem Vorgang folgende Fragen: Woher wird die Energie genommen, die zur Einleitung und Unterhaltung eines solchen Strömungsvorganges erforderlich ist, welche Mittel und Wege stehen überhaupt zur Verfügung, um ein Gas mit einem Arbeitsvermögen auszustatten, und in welcher Weise wird die vorhandene oder erzeugte Energie bei dem Ablauf des Strömungsvorgangs verbraucht bzw. in eine andere Form übergeführt?

Wir haben bei dem Strömungsvorgang durch einen Kanal drei Energiequellen zu unterscheiden:

1. Zwischen den Umgebungen der beiden Öffnungen des Kanals besteht ein Druckunterschied. Dieser Druckunterschied soll im folgenden als **äußerer Druckunterschied** des Kanals bezeichnet werden im Gegensatz etwa zu Druckunterschieden, die zwischen dem Kanalinnern und der Umgebung des Kanals oder zwischen zwei Stellen im Kanal selbst bestehen.

2. Das Raumgewicht des in einem aufwärtsführenden Kanal befindlichen Gases weicht von dem Raumgewicht der umgebenden Luft ab.

3. Dem im Kanal befindlichen Gas wird von außen mechanische Energie zugeführt. Die Zufuhr von mechanischer Energie geschieht oft durch ein anderes Gas (oder Dampf), welches unter höherem Druck aus einer im Kanal angebrachten Düse

ausströmt, seine Strömungs- oder kinetische Energie durch
Stoßwirkung auf das im Kanal fortzubewegende Gas überträgt
und dadurch den Strömungsvorgang einleitet und unterhält.

Die drei genannten Energiequellen für eine Strömung sind
häufig gleichzeitig und gemeinsam an einem bestimmten Strömungsvorgang beteiligt. Sämtliche drei Energiequellen (Ursachen) werden
in der Technik zur Einleitung und Unterhaltung der Abströmung
von Verbrennungserzeugnissen aus Feuerungen benutzt. Beispiele:
Zu 1. Erzeugung von Überdruck (65 mm WS) in den Heizräumen
bei Schiffsfeuerungen; zu 2. der bisher sogenannte »natürliche Zug«
bei den meisten Feuerungen; zu 3. das Blasrohr im Schornstein der
Lokomotive. Die Verwendung mehrerer Energiequellen gleichzeitig
(äußerer Druckunterschied und zugleich Raumgewichtsunterschied)
findet bei der Abgasabführung bekanntlich bei vielen industriellen
Feuerungen statt; z. B. Unterwindfeuerungen bei Dampfkesseln.

Im folgenden werden die durch die drei genannten Ursachen
hervorgerufenen Strömungsvorgänge zunächst einzeln behandelt,
sodann solche Strömungsvorgänge, die auf dem gleichzeitigen Zusammenwirken mehrerer Ursachen (Energiequellen) beruhen. Strömungsvorgänge, deren Ursache äußere Druckunterschiede zwischen
den Umgebungen der beiden Mündungen eines Kanales sind, haben
zwar bei der Abführung von Verbrennungserzeugnissen (Abgasen)
nur eine untergeordnete Bedeutung. Da aber dem Ingenieur die für
diesen Strömungsvorgang zutreffenden Gesetze aus der Hydrody-
namik meist geläufiger sind, so erscheint eine etwas weitläufigere
Behandlung gerade dieses Strömungsvorganges zweckmäßig. Die
Strömungsvorgänge, die auf den Raumgewichtsunterschieden beruhen, sind dann sowohl in den Punkten, in denen sie sich mit
den erstgenannten berühren, als auch in den Punkten, in denen sie
von diesen abweichen, leichter verständlich.

Strömt ein Gas durch eine Rohrleitung aus dem Grunde, weil
der Gasdruck in der Umgebung der Rohreinmündung höher ist als
in der Umgebung der Rohrausmündung, so beachte man in bezug auf
Energieerzeugung und Energieverbrauch[1]) folgendes: Ist bei-

---

[1]) Wenn diese in der Technik üblichen Ausdrücke auch hier gebraucht
werden, so soll damit nicht gegen den Grundsatz verstoßen werden, daß
Energie weder geschaffen noch zerstört, sondern stets nur in andere
Energieformen umgewandelt werden kann. Greift man in der Kette

spielsweise der Druck in der Umgebung der Ausmündung einer Rohrleitung gleich dem atmosphärischen Luftdruck, der Druck der Luft
in der Umgebung der Einmündung aber einige mm WS (z. B.
40 mm WS) höher, so mußte die Luft von 40 mm WS Überdruck in der
Umgebung der Einmündung doch erst durch Aufwand von Arbeit
mittels irgendeines Verdichters von Atmosphärendruck auf 40 mm WS
Überdruck gebracht werden. Erst dann kann sie sich beim Durchströmen des Rohres von diesem Überdruck wieder auf den Druck Null
(Atmosphärendruck) entspannen. Die Luft hat also vorher außerhalb des Rohres durch Arbeitsaufwand eine Drucksteigerung von
40 mm WS erfahren; bzw. der Luft ist vor Ausführung des Strömungsvorganges ein Arbeitsvermögen von 40 mkg/m³ mitgeteilt[1]).

solcher Energieumwandlungen einen besonderen Fall heraus, so kann
man — vom Standpunkt dieses besonderen Falles aus gesehen — die
vor der Umwandlung verfügbare Energieform als vorhandene oder erzeugte Energie ansprechen, die beim Übergang in eine andere Energieform »verbraucht« wird.

[1]) Zwischen Druckenergie (mkg) und Druck (kg/m² oder mm WS)
eines Gases besteht folgender Zusammenhang: Der gegen die Atmosphäre gemessene Druck eines Gases in kg/m² oder mm WS ist zahlenmäßig gleich der in 1 m³ Gas vorhandenen und ausnutzbaren Druckenergie in mkg; denn kg/m² = mkg/m³. Beträgt der Überdruck eines
Gases z. B. 40 kg/m², so ist damit zugleich gesagt, daß 1 m³ von diesem
Gas ein Arbeitsvermögen von 40 mkg leisten könnte, wenn es sich vom
Überdruck 40 kg/m² auf den atmosphärischen Druck (= Überdruck
0 kg/m²) entspannen würde. Entspannt sich allgemein ein Gas vom
Druck p_1 mm WS auf den geringeren Druck p_2 mm WS, so beträgt die
von 1 m³ Gas hierbei geleistete Arbeit $(p_1 - p_2)$ mkg; oder ein Gas von
p_1 mm WS Druck hat — bezogen auf den geringeren Druck p_2 mm WS
— ein Arbeitsvermögen von $(p_1 - p_2)$ mkg je m³ Gas. Der zur Verfügung stehende Druckunterschied ist daher zahlenmäßig stets gleichwertig dem Arbeitsvermögen eines m³ Gases. (Der Ordnung halber muß
gesagt werden, daß diese zahlenmäßige Gleichheit zwischen vorhandenem
Druckgefälle und dem Arbeitsvermögen von 1 m³ Gas nur so lange zu-
trifft, als die Druckunterschiede verhältnismäßig klein sind und die durch
Druckänderungen hervorgerufene Volumenänderung des Gases vernachlässigt werden kann. Das ist aber bei den hier in Frage kommenden Verhältnissen stets anzunehmen.) Eine Gleichung, die eine Beziehung zwischen Gasdrücken (kg/m²) darstellt, kann deshalb auch stets zugleich
als die Arbeitsgleichung (mkg) für 1 m³ Gas angesehen werden, da ja
zahlenmäßig die Beträge für D r u c k und A r b e i t j e m³ G a s gleich
sind. In diesem Sinne kann man daher von Druck (kg/m² oder mm WS)
und zugleich von Druckenergie (mkg je m³ Gas) eines Gases sprechen.

Auf Grund dieses Arbeitsvermögens kann eine Strömung durch die Rohrleitung zustande kommen. Der hierbei stattfindende Verbrauch an Druckenergie im Rohr wird aus dem Arbeitsvermögen gedeckt, das vorher und außerhalb des Rohres der Luft durch einen Verdichter mitgeteilt war. Es ist daher folgende zusammenfassende Feststellung beachtenswert:

Bei einem Strömungsvorgang, der infolge eines zwischen den Umgebungen der beiden Mündungen eines Rohres bestehenden Druckunterschiedes zustande kommt, sind Energieerzeugung und Energieverbrauch örtlich voneinander getrennt. Das betreffende Gas hat schon vor Eintritt in das Rohr das gesamte für den Strömungsvorgang verfügbare Arbeitsvermögen (Druckenergie) in sich oder besser gesagt: es hat es von einer fremden außerhalb des Rohres gelegenen Energiequelle (z. B. durch einen Verdichter) mitgeteilt bekommen. Im Rohr selbst findet keine Energieerzeugung mehr statt, sondern nur noch ein Energieverbrauch; d. h. auf dem Wege vom Anfang bis zum Ende der Rohrleitung kann der Gasdruck unter diesen Verhältnissen keine Steigerung (= Energiezuwachs) sondern nur eine Minderung (= Druckenergieverbrauch) erfahren[1]. Der Druckabfall entspricht dabei nach Lage und Größe der Lage und der Größe der Widerstände im Rohr.

Bei einem Strömungsvorgang, der durch den Unterschied des Raumgewichtes zweier Gase hervorgerufen wird, liegen die Verhältnisse in bezug auf Energieerzeugung grundsätzlich anders als bei dem vorstehend beschriebenen Strömungsvorgang, der infolge eines äußeren Druckunterschiedes zustande kam. Man stelle sich folgenden Sachverhalt vor: ein senkrecht gelagertes, oben und unten offenes Rohr sei mit einem Gas gefüllt, dessen Raumgewicht geringer sei

---

[1]) Unter Strömungswiderständen, die die Druckabnahme verursachen, stelle man sich der Einfachheit halber zunächst nur die Rohrreibung oder Einzelwiderstände nach Art von eingebauten Drahtsieben vor. Bei Einschnürstellen im Kanal (Stauränder, Venturirohr) ist zwar der Gasdruck hinter dem engsten Querschnitt wieder höher als im engsten Querschnitt selbst. In ihrer Gesamtheit wirkt die Einschnürstelle wie ein Einzelwiderstand: Der Gasdruck in einer gewissen Entfernung hinter der Einschnürstelle ist stets niedriger als vorher. Die Vorgänge innerhalb der Einschnürstelle, die zwar für Durchflußmessungen von Bedeutung sind, können hier außer acht gelassen werden.

als das der umgebenden Luft[1]). Da in der Umgebung der beiden Rohröffnungen der atmosphärische Luftdruck herrscht, besteht also in diesem Falle zwischen der Umgebung der Rohröffnungen kein äußerer Druckunterschied bzw. es fehlt ein ä u ß e r e r Anlaß zur Strömung. Trotzdem strömt aber das leichtere Gas im Rohr nach oben. Sorgt man dafür, daß bei Eintritt einer Strömung stets neue leichte Gase unten in das Rohr eintreten, so bekommt man einen ständigen (kontinuierlichen) Strömungsvorgang von leichteren Gasen im Rohr nach aufwärts. Die Energiequelle für diesen Strömungsvorgang ist die dauernde Gleichgewichtsstörung, die bei Vorhandensein einer leichteren Gasmenge in der schwereren Luft gegeben ist. Ist V m³ das Volumen und γ_G kg/m³ das Raumgewicht des leichteren Gases, so beträgt das Gewicht G dieser Gasmenge

$$G = V \cdot \gamma_G \text{ kg.}$$

Die Luft übt nach dem Archimedischen Prinzip auf alle Körper und Gase eine senkrecht nach oben gerichtete Kraft aus, die stets gleich ist dem Gewicht der — durch diese Körper oder Gase — verdrängten Luftmenge; in diesem Fall also eine (Auftriebs-) Kraft A von

$$A = V \cdot \gamma_L \text{ kg,}$$

wenn γ_L kg/m³ das Raumgewicht der Luft bezeichnet. Die nach aufwärts gerichtete A u f t r i e b s k r a f t der Luft auf die Gasmenge V ist größer als das Eigengewicht G kg der Gasmenge. Die Auftriebskraft A kg vermindert um das Eigengewicht G kg ergibt die übrigbleibende Kraft, mit der die Gasmenge nach oben steigen will; sie heißt deshalb auch S t e i g k r a f t S kg. Die Steigkraft S einer Gasmenge V m³ ist daher

$$S = A - G = V \cdot \gamma_L - V \cdot \gamma_G = V (\gamma_L - \gamma_G) \text{ kg.}$$

Eine Gasmenge V m³, die unter Einfluß der Steigkraft S kg um h m emporgestiegen ist, hat damit eine Arbeit von $S \cdot h$ mkg e r z e u g t.

---

[1]) Das Vorhandensein einer spezifisch leichteren Gasmenge in der spezifisch schwereren Luft wird hier einfach vorausgesetzt, da es für die späteren Betrachtungen über den Strömungsvorgang — auch in energetischer Hinsicht — nebensächlich ist, woher das leichtere Gas etwa stammt. Ob man sich unter dem leichteren Gas Wasserstoff, Steinkohlengas, warme Luft, warme Verbrennungsgase od. dgl. vorstellt, ist gleichgültig.

Strömen Q m³/s leichtere Gase durch das h m hohe Rohr, so beträgt die erzeugte Leistung

$$N = Q \cdot h \cdot (\gamma_L - \gamma_G) \text{ mkg/s.}$$

Ein senkrechtes, mit leichten Gasen angefülltes, oben und unten offenes Rohr ist daher eine Vorrichtung, die eine Arbeit oder Leistung erzeugen kann und die mithin als Kraftmaschine anzusehen ist. Das mit leichten Gasen angefüllte Rohr erzeugt als Kraftmaschine die Energie, die beim Durchströmen des Gases durch das Rohr als Arbeitsmaschine ganz oder teilweise verbraucht wird. Energieerzeugung und Energieverbrauch sind in diesem Fall in der gleichen Vorrichtung vereinigt. (Näheres hierüber im Abschnitt I C, S. 23.)

Der Unterschied zwischen einem Strömungsvorgang, der infolge eines äußeren Druckunterschiedes in einem Rohr hervorgerufen wird, und einem anderen Strömungsvorgang, der infolge von Raumgewichtsunterschieden hervorgerufen wird, besteht also in folgendem:

Bei dem Strömungsvorgang infolge eines äußeren Druckunterschiedes findet im Rohr nur ein Verbrauch an Druckenergie oder genauer eine Umsetzung von Druckenergie in andere Energieformen (kinetische und Wärmeenergie) statt; die gesamte verfügbare Druckenergie ist bereits vor Eintritt des Gases in das Rohr vorhanden bzw. dem Gas durch Arbeitsaufwand z. B. mittels eines Verdichters vorher mitgeteilt. Eine Energieerzeugung findet im Rohr nicht statt.

Bei dem Strömungsvorgang infolge eines Raumgewichtsunterschiedes findet dagegen die ganze Energieerzeugung erst im Rohr selbst statt, die nun ganz oder teilweise zugleich im Rohr wieder verbraucht wird.

I B. Die durch äußere Druckunterschiede hervorgerufene Strömung.

In Abb. 1 ist ein Rohr dargestellt, das innen mit Luft gleichen Raumgewichts wie dem der Umgebungsluft angefüllt ist, das ferner unten und oben offen ist und eine Verbindung zwischen zwei Gebieten (Räumen) verschiedenen Gasdruckes darstellt. Die Gebiete denke man sich sehr groß. In der Umgebung der unteren Öffnung

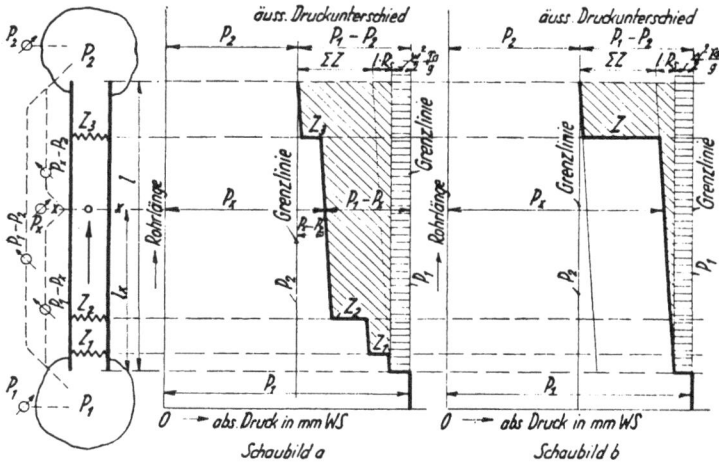

Abb. 1. Strömungsvorgang infolge äußeren Druckunterschiedes.

herrscht der absolute Gasdruck (Ruhedruck) P_1[1]) kg/m² bzw. mm WS, in der Umgebung der oberen Öffnung der absolute Druck P_2 mm WS. P_2 sei kleiner als P_1; es besteht daher zwischen den beiden Gebieten ein Druckgefälle oder ein äußerer Druckunterschied $P_1 - P_2$ mm WS, demzufolge eine Strömung des Gases vom Gebiet höheren Druckes nach dem Gebiet nie-
drigeren Druckes durch das Rohrinnere stattfindet. Im Rohr sind Einzelwiderstände (Z_1, Z_2 und Z_3) und ferner Rohrreibung

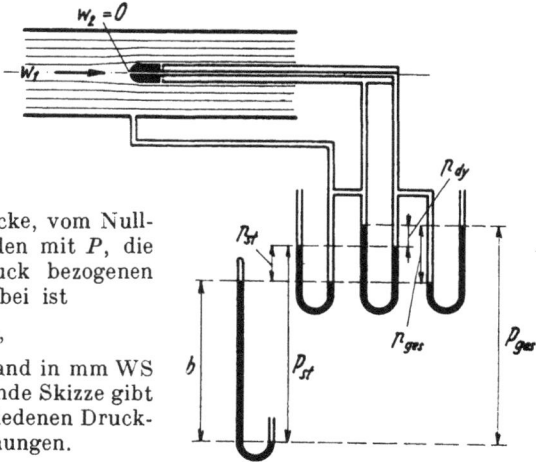

[1]) Die absoluten Drücke, vom Null-punkt an gemessen, werden mit P, die auf den Atmosphärendruck bezogenen mit $\pm p$ bezeichnet. Dabei ist

$$P = b \pm p,$$

wobei b den Barometerstand in mm WS bedeutet. Die nebenstehende Skizze gibt Aufschluß über die verschiedenen Druck-größen und ihre Bezeichnungen.

vorhanden. Bei diesem Strömungsvorgang interessiert besonders die Umsetzung des vorhandenen Druckgefälles: das in der Umgebung der unteren Einmündung ruhende Gas vom absoluten Druck P_1 mm WS kommt beim Eintritt in das Rohr in Bewegung und verliert beim Durchströmen des Rohres allmählich an Druck, so daß das strömende Gas beim Austritt aus dem Rohr nur noch den absoluten Druck P_2 hat. Die in der Sekunde durch das Rohr strömende Gasmenge beträgt

$$Q = F \cdot w \text{ m}^3/\text{s}$$

bzw. ihr Gewicht $G = F \cdot w \cdot \gamma_G$ kg/s,

wenn F m^2 den Rohrquerschnitt, w m/s die Strömungsgeschwindigkeit und γ_G kg/m^3 das Raumgewicht des Gases bezeichnet. Die Geschwindigkeit w hängt ab von der Größe des verfügbaren äußeren Druckgefälles $P_1 - P_2$ mm WS, ferner von der Größe der Rohrreibung, die je laufenden m Rohrlänge R_s mm WS beträgt, und außerdem von der Größe und Anzahl der vorhandenen Einzelwiderstände Z mm WS, die auf der Gesamtlänge l m des Rohres vorhanden sind; also von $\overset{l}{\underset{0}{\Sigma}} Z$[1]). Die Gleichung für diesen Strömungsvorgang lautet:

$$P_1 - P_2 = \frac{w^2}{2} \cdot \frac{\gamma_G}{g} + l \cdot R_s + \overset{l}{\underset{0}{\Sigma}} Z.$$

Sie sagt nur etwas über den Gesamtumsatz des verfügbaren Druckgefälles aus, gibt aber keine Auskunft über den allmählich beim Durchströmen des Rohres stattfindenden Verbrauch an Druck, der uns jedoch bei unseren Betrachtungen besonders interessiert. Wie findet nun der Verbrauch an verfügbarem Druckgefälle in Abhängigkeit von der Rohrlänge im Rohr statt? Die Vorgänge werden am besten an Hand des Schaubildes a (Abb. 1) erörtert. Hierin sind in Abhängigkeit von der Rohrlänge die absoluten Drücke aufgetragen. In der Umgebung der unteren Einmündung herrscht der absolute Ruhedruck (statischer Druck des ruhenden Gases) P_1 mm WS; in der Umgebung der oberen Ausmündung der

---

[1]) Die Bezeichnung $\overset{l}{\underset{0}{\Sigma}} Z$ soll die Summe aller Einzelwiderstände darstellen, die sich auf der Rohrstrecke vom Rohranfang (= 0 m) bis zu einem l m davon entfernten Rohrquerschnitt befinden.

Ruhedruck P_2 mm WS. Beide absolute Drücke sind im Schaubild als Gerade dargestellt, die parallel zur Null-Linie verlaufen; sie sind als äußerste Drücke (höchster bzw. niedrigster Druck) anzusehen, die das Gas bei diesem Strömungsvorgang überhaupt annehmen kann. Innerhalb dieser beiden Begrenzungslinien müssen daher alle Drücke liegen, die das Gas beim Durchströmen des Rohres annehmen kann[1]).

Wie groß sind nun die statischen Drücke, die das strömende Gas nacheinander im Rohr annimmt, und wodurch wird der Druckverlauf (Druckverlauf ist der Linienzug, der sich ergibt, wenn man die statischen Drücke über der Rohrlänge aufträgt) im Rohr bestimmt? In der Umgebung der unteren Rohröffnung, also außerhalb des Rohres herrscht zunächst der Druck P_1 mm WS. In der Einmündung selbst, also am Anfang des Rohres, ist dieser Druck P_1 bereits um den dynamischen Druck $\frac{w^2}{2} \cdot \frac{\gamma_a}{g}$ mm WS kleiner; es hat eine Umsetzung von statischem Druck in dynamischen Druck oder von potentieller Energie in kinetische Energie stattgefunden. Der Druckabfall ist dem dynamischen Druck gleichwertig. Der im Rohreingang verbleibende absolute statische Druck P_e ist daher

$$P_e = P_1 - \frac{w^2}{2} \cdot \frac{\gamma_a}{g} \text{ mm WS.}$$

Dieser wird auf der Rohrstrecke, die zwischen Rohranfang und Einzelwiderstand Z_1 liegt, infolge der Rohrreibung etwas abnehmen, erleidet im Widerstand Z_1 selbst eine plötzliche Abnahme um Z_1 mm WS, weiter auf der Rohrstrecke bis Z_2 eine durch Rohrreibung hervorgerufene allmähliche Verringerung, bei Z_2 wieder eine plötzliche Abnahme um Z_2 mm WS usw., bis im Austritt des Gases aus dem Rohr ein absoluter statischer Druck von P_2 mm WS vom Gas erreicht wird. Das Gas hat beim Verlassen des Rohres keinen höheren statischen Druck als P_2; es hat jedoch beim Austritt — wie übrigens auch an allen anderen Stellen des Rohres — infolge seiner Bewegung den dynamischen Druck

$$p_{dy} = \frac{w^2}{2} \cdot \frac{\gamma_a}{g} \text{ mm WS.}$$

[1]) Nur bei Rohren mit sich erweiterndem Querschnitt kann durch Rückverwandlung von dynamischem Druck in statischen Druck eine seltene Ausnahme hiervon eintreten. Vergl. Abb. 19b.

Der nacheinander erfolgende Verbrauch an Druckenergie bei dem Strömungsvorgang kommt im Schaubild a (Abb. 1) klar zum Ausdruck. Der nicht schraffierte Teil der Fläche, die zwischen den Begrenzungslinien P_1 und P_2 liegt, stellt vorhandenen (noch nicht verbrauchten) statischen Druck dar, der schraffierte Teil stellt umgewandelten bzw. verbrauchten Druck dar. Der in dynamischen Druck $\frac{w^2}{2} \cdot \frac{\gamma_a}{g}$ mm WS umgewandelte statische Druck ist waagerecht schraffiert; das Gas hat auch bei und nach dem Verlassen des Rohres noch den dynamischen Druck, der sich jedoch bei der Mischung mit der die obere Ausmündung umgebenden ruhenden Luft in Wirbelungen bald verzehrt. Der für Rohrreibung und zur Überwindung der Einzelwiderstände »verbrauchte« Druck ist schräg schraffiert. »Verbraucht« heißt hier soviel wie in Wärme umgewandelt, wodurch das Gas beim Durchströmen des Rohres eine sehr geringe Temperaturerhöhung erfährt.

Der statische Druck P_x mm WS abs. des strömenden Gases an einer Stelle $x - x$ im Rohr, die um l_x m vom Rohranfang entfernt ist (vgl. Abb. 1), ist durch folgende Gleichung bestimmt:

$$P_x = P_1 - \left(\frac{w^2}{2} \cdot \frac{\gamma_a}{g} + l_x \cdot R_s + Z_1 + Z_2 \right) \text{mm WS abs.}$$

(mit Bezug auf Abb. 1)

oder allgemein

$$P_x = P_1 - \left(\frac{w^2}{2} \cdot \frac{\gamma_a}{g} + l_x \cdot R_s + \overset{l_x}{\underset{0}{\Sigma}} Z \right) \text{mm WS abs.}$$

Man muß also vom Anfangsdruck P_1 den dynamischen Druck und die Widerstände (Reibung und Einzelwiderstände), die jeweils auf der Strecke $l_x =$ vom Rohranfang bis Stelle $x - x$ liegen, abziehen, um den statischen Druck P_x mm WS abs. an der Stelle $x - x$ zu erhalten. Man kann auch von der Austrittsseite des Gases her, also vom Ausgangsdruck P_2 ausgehend, den Druck P_x an der Stelle $x - x$ angeben, und zwar durch folgende Gleichung mit Bezug auf Abb. 1:

$$P_x = P_2 + (l - l_x) R_s + Z_3 \text{ mm WS abs.}$$

oder allgemein

$$P_x = P_2 + (l - l_x) R_s + \overset{l}{\underset{l_x}{\Sigma}} Z \text{ mm WS abs.}$$

Ist die Reibung je laufendem m, d. h. die Zahl R_s nicht auf der ganzen Rohrlänge gleich groß, sondern würde sich beispielsweise das ganze Rohr aus Stücken verschiedener Baustoffe mit ungleichen Reibungszahlen (R_y) zusammensetzen, so würden die allgemeinen Gleichungen für P_x lauten:

$$P_x = P_1 - \left(\frac{w^2}{2} \cdot \frac{\gamma_G}{g} + \overset{l_r}{\underset{0}{\Sigma}} l_y R_y + \overset{l_r}{\underset{0}{\Sigma}} Z \right) \text{ mm WS abs.}$$

bzw.

$$P_x = P_2 + \overset{l}{\underset{l_r}{\Sigma}} l_y R_y + \overset{l}{\underset{l_r}{\Sigma}} Z \text{ mm WS abs.}$$

Durch das Schaubild a der Abb. 1 ist der Strömungsvorgang als solcher in allen Einzelheiten sowohl hinsichtlich der Ursache als auch des Ablaufs dargestellt.

Wir wollen uns jetzt bei der Betrachtung des Strömungsvorgangs auf den entgegengesetzten Standpunkt stellen: Wir nehmen in einem Rohr eine zunächst unbekannte Strömung des Gases wahr, ohne die Voraussetzungen für den Strömungsvorgang zu kennen. Wie müssen wir vorgehen und was müssen wir messen, um diesen Strömungsvorgang kennenzulernen und in jeder Hinsicht beurteilen zu können? Es soll jedoch noch vorausgesetzt werden, daß es sich um eine durch äußeren Druckunterschied hervorgerufene Strömung handelt. Man kann vorstehende Frage auch in folgender Weise stellen: Was kann man alles messen und was für Schlüsse sind aus den verschiedenen Meßergebnissen zu ziehen für die Erkenntnis des im Rohr vorhandenen Strömungsvorganges?

Messen kann man statische Drücke, Druckunterschiede und dynamische Drücke. Die verschiedenen Möglichkeiten für die Druck- und Differenzdruckmessungen sind in der linken Skizze in Abb. 1 angedeutet:

a) Die alleinige Ermittlung des abs. Druckes P_1 liefert keinen Beitrag zur Erkenntnis des vorhandenen Strömungsvorganges.

b) Dasselbe gilt für die alleinige Ermittlung von P_2.

c) Dasselbe gilt für die alleinige Ermittlung von P_x an nur einer beliebigen Stelle im Rohr.

d) Eine sehr wertvolle Messung ist die des Druckunterschiedes $P_1 - P_2$ mm WS, weil wir damit den gesamten dem Strömungsvorgang zur Verfügung stehenden Druckunterschied bzw. die Größe des für die Strömung maßgeblichen Treibdruck s[1]) feststellen.

e) Nützlich — wenn auch nicht in dem Maße wie unter d) — für die Erkenntnis des Strömungsvorgangs ist die Ermittlung des Druckunterschieds $P_1 - P_x$; der Meßwert stellt den Betrag $\left(\dfrac{w^2}{2} \cdot \dfrac{\gamma_G}{g} + l_x R_s + \overset{l_x}{\underset{0}{\Sigma}} Z \right)$ mm WS dar, also den dynamischen Druck einschließlich aller auf der Strecke zwischen Rohranfang und Meßstelle gelegenen Widerstände.

f) Ebenso nützlich ist die Ermittlung des Druckunterschiedes $P_x - P_2$; der Meßwert stellt die Größe der Widerstände dar auf der Rohrstrecke $l - l_x$, also von der Meßstelle an bis zum Rohrende.

g) Eine weitere sehr wertvolle Messung ist die Ermittlung des dynamischen Druckes (mittels Staudoppelrohr) oder überhaupt der Strömungsgeschwindigkeit[2]) (mittels Staurand, Anemometer, Bonin-Ventil, Falk-Flügel; vgl. Abschnitt III C), weil diese im Verein mit dem Rohrquerschnitt das in der Zeiteinheit durchströmende Gasvolumen ergibt.

Bei der Ermittlung eines statischen Druckes oder eines Druckunterschiedes muß man sich vor allem stets klar darüber sein, was der Meßwert darstellt und welche Schlüsse man daraus für den Strömungsvorgang ziehen kann.

Um zu zeigen, wie wenig im allgemeinen die Messung von statischen Drücken oder Druckunterschieden bei einem Strömungsvorgang über den Strömungsvorgang selbst Aufschluß gibt, ist in Abb. 1 dem bis jetzt besprochenen Schaubild a das Schaubild b

---

[1]) Vgl. Begriffsbestimmungen im VI. Teil.

[2]) Die Messung der Strömungsgeschwindigkeiten von Abgasen in Kanälen ist wegen der praktisch meist geringen Geschwindigkeit nicht einfach. Zur Bestimmung der Strömungsgeschwindigkeit kann man sich auch des Druckunterschiedes, der durch einen Einzelwiderstand im Rohr entsteht, bedienen, wenn man den Widerstand vorher geeicht hat. Der durch Rohrreibung entstehende Druckabfall im Rohr läßt sich theoretisch in gleicher Weise zur Ermittlung der Strömungsgeschwindigkeit benutzen; praktisch ist jedoch diese Methode wegen der geringen Strömungsgeschwindigkeit der Abgase zu ungenau und deshalb meist unbrauchbar.

zur Seite gestellt. Dem Schaubild b liegen gleiche Verhältnisse zugrunde wie dem Schaubild a; insbesondere sind die Drücke P_1, P_2, ferner der dynamische Druck und die Rohrreibung in beiden Fällen gleich. Der einzige Unterschied besteht darin, daß an Stelle der drei Einzelwiderstände Z_1, Z_2 und Z_3 im Schaubild a bei dem Schaubild b nur ein Einzelwiderstand Z vorhanden ist, der jedoch ebenso groß ist wie die Summe der drei Einzelwiderstände im Schaubild a. Der Widerstand Z ist willkürlich an der Stelle im Rohr angenommen, wo im Falle des Schaubildes a der Einzelwiderstand Z_3 lag. Durch diese Veränderung der Lage der Widerstände im Rohr (nicht der Größe der Widerstände) hat sich am Strömungsvorgang selbst nichts geändert. Jedenfalls sind die Geschwindigkeit des Gases im Rohr und die durchströmende Gasmenge gleich geblieben. Lediglich der Druckverlauf im Rohr hat sich geändert; der Druck P_x an der Stelle $x - x$ ist infolge Veränderung der Lage der Widerstände im Schaubild b ein anderer geworden als im Schaubild a. Dieses Beispiel zeigt klar, daß die Messung des Gasdruckes an nur einer Stelle im Rohr keinen Aufschluß über den im Rohr stattfindenden Strömungsvorgang geben kann. Nur wenn man gleichzeitig an vielen Stellen im Rohr den Gasdruck mißt und den Druckverlauf des Gases abhängig von der Rohrlänge in einem Schaubild darstellt, kann man aus solchen Messungen entnehmen, wo sich Widerstände im Rohr befinden. (Diese Feststellung ist wichtig in Hinblick auf die spätere Beurteilung der »Zugstärkemessung«.)

Ferner ist es für ein und denselben Strömungsvorgang bei sonst gleichem Raumgewicht des Gases durchaus gleichgültig, ob der Druckunterschied $P_1 - P_2$ mehr oder weniger weit vom absoluten Nullpunkt entfernt ist; mit anderen Worten: ob $P_1 - P_2$ etwa 10350—10330 mm WS oder 10330—10310 mm WS ist, ist praktisch belanglos. Das Wesentlichste ist nur, daß $P_1 - P_2 = 20$ mm WS, bzw. stets gleich groß ist. Dann tritt auch stets der gleiche Strömungsvorgang ein. So selbstverständlich sich das anhört, ebenso leicht übersieht man aber diese Tatsache, wenn man die näheren Umstände eines Strömungsvorgangs aus einzelnen Druckmessungen an einer Rohrleitung erkennen will.

Solange man den Strömungsvorgang unter dem Gesichtspunkt der absoluten Drücke betrachtet, sind die ganzen Verhältnisse

ziemlich durchsichtig. Das ändert sich, wenn man als Bezugsdruck
oder Null-Linie für den Strömungsvorgang nicht mehr den absoluten
Nullpunkt des Druckes ansieht, sondern dafür den Druck der umgebenden Luft einführt und von diesem neuen Standpunkt aus alles
betrachtet. Bei praktischen Messungen gilt meist stillschweigend
der Druck der umgebenden Luft als Bezugsdruck oder Nulldruck; wir
bekommen dann beim Strömungsvorgang statt der absoluten Drücke
bei der früheren Beobachtungsweise jetzt Überdrücke oder Unter-

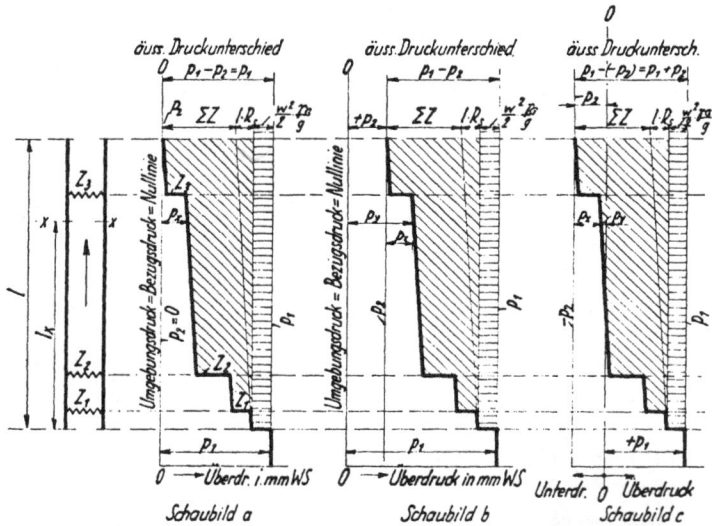

Abb. 2. Verschiedene Lage der Bezugsdrucklinie oder Nulldrucklinie bei sonst
gleichem Strömungsvorgang wie in Abb. 1.

drücke. (Wir geben z. B. in analoger Weise die Temperaturen in
^{0} abs. und ^{0} C an.) In Abb. 2 ist der durch äußeren Druckunterschied
hervorgerufene Strömungsvorgang unter diesem Gesichtspunkt dargestellt, wobei also als Bezugsdruck oder Null-Linie der Druck der
umgebenden Luft gewählt ist. Statt der früheren abs. Drücke, die
mit großem Buchstaben P mm WS bezeichnet waren, haben wir jetzt
Über- oder Unterdrücke, die mit kleinem Buchstaben $\pm p$ mm WS
in den Schaubildern gekennzeichnet sind[1]). Den Schaubildern Abb. 2

---

[1]) Vgl. Fußnote mit Skizze auf S. 13.

liegt im übrigen der gleiche Strömungsvorgang zugrunde wie im Schaubild a (Abb. 1).

Es ergeben sich bei der neuen Betrachtungsweise verschiedene Fälle, je nachdem wie die Null-Linie zum Gebiet des äußeren Druckunterschiedes liegt, demzufolge der Strömungsvorgang hervorgerufen wird. Von den möglichen Fällen sollen drei im folgenden eingehender behandelt werden.

Im Schaubild a (Abb. 2) ist der Fall dargestellt, daß der Druck p_2 in der Umgebung der oberen Rohröffnung (Ausmündung) mit dem Bezugsdruck oder der Null-Linie zusammenfällt, $p_2 = 0$ mm WS. Wir haben ferner in der Umgebung der unteren Rohröffnung einen Überdruck p_1 mm WS. Der äußere Druckunterschied beträgt daher

$$\Delta p = p_1 - p_2 = p_1 - 0 = p_1 \text{ mm WS.}$$

Der Druck p_x an einer Stelle im Rohr ist der statische Druck des strömenden Gases an der Stelle $x - x$ gegenüber dem Druck p_2 der Umgebung der oberen Rohrmündung. Mit p_y soll im folgenden der Druck des strömenden Gases an der gleichen Stelle $x - x$ des Rohres gegenüber dem Druck Null (Atmosphärendruck) bezeichnet werden. Da in diesem besonderen Fall p_2 mit dem Bezugsdruck Null zusammenfällt — das Beispiel ist ja so gewählt — so ist hier $p_x = p_y$ mm WS. p_x hat den Wert:

$$p_x = p_y = p_1 - \left(\frac{w^2}{2} \cdot \frac{\gamma_a}{g} + l_x R_s + \sum_0^{l_x} Z \right) \text{mm WS (Überdruck)}$$

oder

$$p_x = p_y = 0 + (l - l_x) R_s + \sum_{l_x}^{l} Z \text{ mm WS (Überdruck).}$$

Der Meßwert p_x oder p_y stellt den Restbetrag an unverbrauchtem Treibdruck an der Stelle $x - x$ dar, den das ursprünglich mit einem Überdruck p_1 mm WS ausgerüstete Gas nach Abzug des dynamischen Druckes und der auf der Rohrstrecke l_x liegenden Widerstände noch hat (entspricht der oberen Gleichung), oder den das Gas zur Überwindung der auf der Rohrstrecke $(l - l_x)$ liegenden Widerstände noch verbrauchen wird (entspricht der unteren Gleichung). Je nach dem Standpunkt, den man hierbei einnimmt, ist der eine oder andere Ausdruck richtig. Die Messung des statischen Gasdruckes, den das Gas an vielen Stellen des Rohres gegenüber dem Druck der umgebenden Luft (= Nulldruck) hat, wäre in diesem

Fall ein Mittel, um einen unbekannten Strömungsvorgang in einem
Rohr zu untersuchen. Man muß sich jedoch klar sein, daß durch
solche Druckmessungen das Ziel nur in recht unvollkommener Weise
erreicht wird, weil sie über Strömungsgeschwindigkeiten und durchströmende Mengen keinen Aufschluß geben.

Im Schaubild b (Abb. 2) ist der gleiche Strömungsvorgang wie
im Schaubild a dargestellt, jedoch liegt die Null-Linie außerhalb
des Gebiets des äußeren Druckunterschieds, und zwar spielt sich
der Strömungsvorgang ganz im Überdruckgebiet ab. Wie ersichtlich,
ist p_x (= statischer Druck des Gases an der Stelle $x - x$ bezogen
auf p_2) in diesem Falle von p_y (= statischer Druck des Gases an der
Stelle $x - x$ bezogen auf den Druck Null bzw. Atmosphärendruck)
verschieden. Bei der meßtechnischen Untersuchung eines unbekannten Strömungsvorgangs hat es keinen Sinn, p_y festzustellen,
wenn man nicht gleichzeitig p_2 kennt; denn p_y kann doch je nach
Lage der Null-Linie ganz beliebige Werte haben, ohne daß sich an
dem durch den äußeren Druckunterschied $p_1 - p_2$ hervorgerufenen
Strömungsvorgang etwas ändert.

Noch krasser tritt die Wertlosigkeit der Bestimmung von p_y
in Erscheinung, wenn — wie im Schaubild c (Abb. 2) — die Null-
Linie innerhalb des Gebiets des äußeren Druckunterschieds

$$\Delta p = p_1 - (- p_2) = p_1 + p_2$$

liegt. p_y (= statischer Druck des strömenden Gases im Rohr bezogen auf Atmosphärendruck) ist im Beispiel des Schaubildes c
(Abb. 2) an der Stelle $x - x$ zufällig negativ.

Während p_x (= statischer Gasdruck an einer Stelle im Rohr
bezogen auf p_2) dauernd seinen festen Wert behält, wie auch immer
die Null-Linie zum äußeren Druckunterschied $p_1 - p_2$ liegen mag,
hat p_y mit dem Strömungsvorgang selbst nichts zu tun. p_y ist
aber gerade der Wert, der in der Praxis gemessen wird, nämlich
der Über- oder Unterdruck gegenüber der Atmosphäre.

Der Strömungsvorgang bleibt trotz verschiedener Lage der
Null-Linie der gleiche, wenn nur der äußere Druckunterschied,
ferner Größe und Lage der Widerstände dieselben sind.

Wenn man bei der Untersuchung eines Strömungsvorgangs
die Lage der Null-Linie zum äußeren Druckunterschied nicht kennt,
ist die Ermittlung des Wertes p_y an irgendeiner Stelle im Rohr

nicht nur zwecklos — denn das Meßergebnis liefert keinen Beitrag zur Erkenntnis des Strömungsvorgangs —, sondern ist vielmehr häufig irreführend. Nur wenn man weiß, daß p_2 mit der Null-Linie zusammenfällt — vgl. Schaubild a (Abb. 2) —, hat die Ermittlung von p_y einen Sinn, und nur deshalb, weil in diesem Sonderfall $p_y = p_x$ ist.

I C. Die durch Raumgewichtsunterschiede hervorgerufene Strömung.

Als zweite Ursache für einen Strömungsvorgang kommt der Raumgewichtsunterschied in Frage, der zwischen zwei verschiedenen Gasen besteht.

Im folgenden werden die Gesetzmäßigkeiten dargelegt, unter denen ein durch Raumgewichtsunterschied verursachter Strömungsvorgang von Gasen in Rohren oder Kanälen sich abspielt. Hierbei interessiert besonders der Einfluß, den etwaige Widerstände im Kanal auf die Veränderung des Gasdruckes im Kanal ausüben. Um die gedanklichen Schwierigkeiten bei der Erfassung der Zusammenhänge zwischen Ursache der Strömung (Raumgewichtsunterschiede), Strömungsgeschwindigkeit, Strömungswiderständen und Gasdrücken zu verringern, sollen die Verhältnisse vorerst an einfacheren Vorgängen geklärt werden.

Man stelle sich folgende Vorrichtung vor (vgl. Abb. 3 Skizze 1): Über 2 Seilrollen, die senkrecht übereinander liegen und deren Abstand h m betrage, ist ein endloses Seil geschlungen, an dem in gleichen Zwischenräumen Becher angebracht sind. Bei den auf der linken Seite liegenden Bechern weisen die Öffnungen nach unten. Läßt man in diese zunächst mit Luft gefüllten Becher leichteres Gas einströmen — und zwar in der Nähe der unteren Seilrolle —, so wird die Luft aus den Bechern verdrängt und das leichtere Gas setzt sich an ihre Stelle. Das im Becher befindliche leichte Gas erfährt in der umgebenden schwereren Luft einen Auftrieb. Ist V m³ der Inhalt eines mit Gas gefüllten Bechers und γ_L kg/m³ das Raumgewicht der umgebenden Luft, so übt die Luft auf das Gasvolumen V eine Auftriebskraft aus von

$$A = V \cdot \gamma_L \text{ kg.}$$

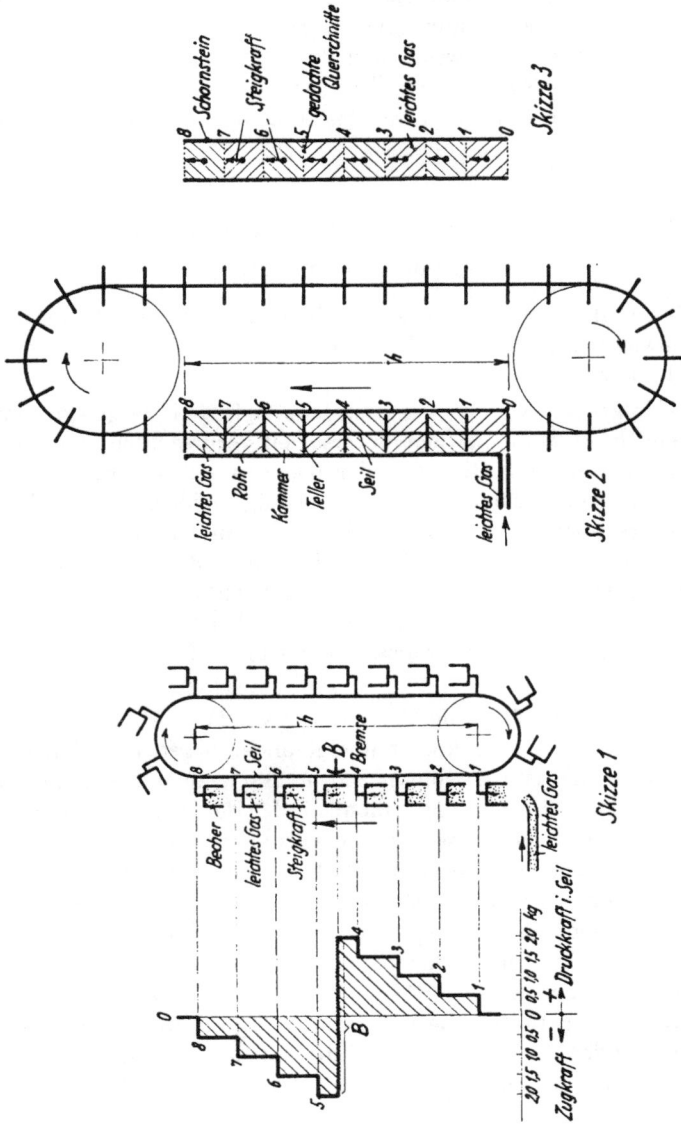

Abb. 3. Schematische Darstellung des durch Raumgewichtsunterschied hervorgerufenen Strömungsvorgangs.

Dieser Auftriebskraft wirkt entgegen das Eigengewicht des Gases, das

$$G_G = V \cdot \gamma_G \text{ kg}$$

beträgt, wobei γ_G kg/m³ das Raumgewicht des Gases ist. Es bleibt eine resultierende, nach oben gerichtete Kraft übrig von

$$S = V \cdot (\gamma_L - \gamma_G) \text{ kg}.$$

Diese Kraft, die als Steigkraft des Gases bezeichnet wird, wird von dem einzelnen Becher durch die Becherbefestigung auf das Seil übertragen. Da jeder mit Gas gefüllte Becher mit der gleichen Steigkraft S am Seil angreift, addieren sich die Kräfte im Seil. Unter ihrem Einfluß kommt die Vorrichtung in Drehung; wir haben also eine Kraftmaschine vor uns, die Energie erzeugt. Man könnte z. B. mittels dieser Kraftmaschine einen kleinen Stromerzeuger antreiben. Nehmen wir an, daß die Becher jeweils in Höhe der unteren Achse mit Gas gefüllt und in Höhe der oberen Achse wieder entleert werden, so beträgt die von einem Becher bei der Wanderung von der unteren zur oberen Seilrolle erzeugte Arbeit

$$E = V \cdot (\gamma_L - \gamma_G) \cdot h \text{ mkg}.$$

Wandern in einer Sekunde n gasgefüllte Becher von der unteren zur oberen Seilrolle, so erzeugt diese Kraftmaschine eine Leistung von

$$N = n \cdot V \cdot (\gamma_L - \gamma_G) \cdot h \text{ mkg/s}.$$

Aus besonderen Gründen, auf die später noch eingegangen wird, interessiert uns bei dieser Kraftmaschine der Kräfteverlauf im Seil, an dem die gasgefüllten Becher befestigt sind. Wir wollen dabei folgende Verhältnisse voraussetzen: Lagerreibung und Seilsteifigkeit seien so gering, daß sie vernachlässigt werden können; ebenso sei die Geschwindigkeit der Becher so klein, daß dynamische Wirkungen zunächst ebenfalls außer acht gelassen werden können. Die ganze von der Maschine erzeugte Arbeit werde durch eine Bremse vernichtet, die an der Stelle B am Seil angreife. Es ist die Frage, welche Kräfteverteilung unter diesen Verhältnissen im Seil eintritt. Dabei sind für uns jedoch nur die zusätzlichen Kräfte von Belang, die die von den gasgefüllten Bechern ausgehenden Steigkräfte im Seil hervorrufen, nicht etwa die Kräfte, die durch das Gewicht der Becher und durch das Eigengewicht oder die Anspannung des Seiles im Seil schon vorhanden sind. Man stelle sich daher am besten die ganze Vorrichtung gewichtslos vor und verfolgt nur die Wirkung der Steigkräfte des Gases auf den Kraftverlauf im Seil.

Zur besseren Verständigung sei ein Beispiel angegeben: Auf der Strecke $h = 8$ m seien 8 Becher angebracht, die mit je 1 m³ Gas von 0,7 kg/m³ Raumgewicht angefüllt sind. Die umgebende Luft habe ein Raumgewicht von 1,2 kg/m³. Dann erzeugt jeder Becher eine Steigkraft von $1 \cdot (1,2 - 0,7) = 0,5$ kg. Da 8 Becher vorhanden sind, ist die insgesamt erzeugte Steigkraft $8 \cdot 0,5 = 4$ kg. Die Gegenkraft der Bremse ist dann nach dem Prinzip von Wirkung und Gegenwirkung ebenfalls 4 kg. Der Kräfteverlauf im Seil ist folgender: Unterhalb des Bechers 1 ist keine Kraft im Seil, bei Becher 1 wird eine Kraft von 0,5 kg an das Seil übertragen, und zwar ist dies eine Druckkraft.[1] In dem Seilstück zwischen Becher 1 und 2 bleibt diese Kraft konstant 0,5 kg. Bei Becher 2 wird wieder eine Druckkraft von 0,5 kg an das Seil übertragen, so daß sich die Druckkraft im Seil an dieser Stelle auf $0,5 + 0,5 = 1,0$ kg erhöht. Bei Becher 3 erhöht sie sich auf $+ 1,5$ kg, bei Becher 4 auf $+ 2,0$ kg. Zwischen Becher 4 und 5 liegt die Bremse B, die eine Kraft von 4 kg aus dem Seil herausnimmt. Es springt deshalb an dieser Stelle die Kraft im Seil von $+ 2$ kg auf $- 2$ kg; aus der Druckkraft von $+ 2$ kg vor der Bremse wird eine Zugkraft von $- 2$ kg nach der Bremse. Den weiteren Verlauf der Seilkräfte übersehen wir besser, wenn wir die Kräfte von oben her verfolgen: oberhalb des Bechers 8 ist die Seilkraft Null, bei Becher 8 wird die Steigkraft von 0,5 kg in das Seil übertragen, sie tritt hier als Zugkraft von $- 0,5$ kg im Seil auf, bleibt bis Becher 7 konstant und erhöht sich hier auf $- 1,0$ kg, bei Becher 6 auf $- 1,5$ kg und bei Becher 5 auf $- 2,0$ kg. Wir haben damit den Anschluß an den Kräfteverlauf im darunter liegenden Seilstück gefunden. Der gesamte Kraftverlauf im Seil geht aus dem beigefügten Schaubild hervor. Bei einer anderen Lage der Bremse läßt sich der Kräfteverlauf im Seil durch die gleichen Überlegungen finden.

Die Kraftmaschine soll bei den weiteren Betrachtungen etwas anders ausgeführt sein, ohne daß am Arbeitsprinzip etwas geändert ist. Nach Skizze 2 (Abb. 3) besteht sie wieder aus 2 Rädern, über die ein endloses Seil geschlungen ist, auf dem in gleichen Abständen tellerförmige Scheiben befestigt sind. Das Seil läuft auf der linken

---

[1] Es sei hier ausnahmsweise der Einfachheit halber angenommen, daß das Seil mal eine Druckkraft übertragen kann.

Seite durch ein feststehendes, h m hohes Rohr, dessen Innendurchmesser gleich dem Durchmesser der genannten Scheiben ist. Die
Scheiben bewegen sich im Rohr wie Kolben in einem Zylinder. Die
Bewegung soll reibungslos erfolgen. Es entstehen durch die Scheiben
im Rohr Kammern, die unten mit Gas gefüllt werden. Das in den
Kammern befindliche Gas hat natürlich die gleiche Steigkraft wie
das Gas in den Bechern bei dem vorigen Beispiel. Unter dem Einfluß
dieser Steigkräfte kommt die Vorrichtung in Bewegung und erzeugt
Arbeit. Es ist also eine Kraftmaschine. Die Steigkraft einer Kammer
von V m^3 Inhalt beträgt

$$S = V \cdot (\gamma_L - \gamma_G) \text{ kg},$$

die beim Durchwandern des Rohres eine Arbeit von

$$E = V \cdot (\gamma_L - \gamma_G) \cdot h \text{ mkg}$$

erzeugt. Passieren n Kammern je Sekunde das Rohr, so beträgt die
erzeugte Leistung der Maschine

$$N = n \cdot V \cdot (\gamma_L - \gamma_G) \cdot h \text{ mkg/s}.$$

Unter der Annahme, daß z. B. das Fassungsvermögen einer Kammer
1 m^3, das Raumgewicht des Gases 0,7 kg/m^3 und das der Luft
1,2 kg/m^3, ferner die Höhe des Rohres 8 m beträgt und das Seil
sich mit 0,5 m/s fortbewegt, so ist die Zahl der in der Sekunde
gebildeten Kammern gleich 0,5 und die erzeugte Leistung dieser
Maschine also

$$N = 0,5 \cdot 1 \cdot (1,2 - 0,7) \cdot 8 = 2 \text{ mkg/s},$$

wobei der Gasverbrauch 0,5 m^3/s beträgt. Wird wieder vorausgesetzt,
daß im Rohr eine Bremse liegt, die die vom Rohr bzw. vom Gas
erzeugte Arbeit vernichtet, die übrigen Teile der Maschine aber
reibungslos arbeiten, so ergibt sich für den Kraftverlauf im Seil
auf der Strecke, die sich im Rohr befindet, das gleiche wie im vorigen
Beispiel. Die Kräfte zwischen den einzelnen Kammern werden
durch das Seil übertragen, das Gas selbst wird für Kraftübertragung
hier nicht benutzt. Auf einen Unterschied zwischen dieser und der
vorigen Maschine sei noch besonders aufmerksam gemacht: Während
in der ersten Maschine das Gas relativ zu den Umfassungswänden
(nämlich zu den Bechern) ruht — die Becher bewegen sich, das
Gas ruht darin — bewegt sich das Gas im zweiten Beispiel relativ
zum ruhenden Rohr. Das Gas strömt also im Rohr, wo-

durch eine Reibung zwischen Gas und Rohrwand
entsteht.

Gehen wir jetzt in den Betrachtungen noch einen Schritt weiter,
indem wir alles Beiwerk weglassen, und uns nur ein Rohr vorstellen,
das mit leichtem Gas angefüllt ist, aber noch die Scheiben enthält,
die sich wie Kolben im Rohr bewegen (s. Skizze 3 in Abb. 3). Die
gegenseitige Entfernung der einzelnen Scheiben ist gleich, die Scheiben
selbst sollen gewichtslos sein und sich reibungslos im Rohr bewegen
können. Das Seil, das früher die Scheiben miteinander verband
und zur Übertragung der Kräfte diente, soll jedoch jetzt fortfallen.
Die Übertragung der Kräfte von einer zur anderen
Kammer geschieht eben jetzt durch das Gas selbst. Das
Gas ist jetzt nicht nur der Sitz für die Steigkräfte,
sondern zugleich das Medium zur Übertragung der
Kräfte, die zwischen den Kammern auftreten, übernimmt
also noch die Funktion des früheren Seiles.

Dabei ergibt sich folgender sehr wichtiger Unterschied gegen
früher: Das Seil nahm die von den Kammern erzeugten Druck- oder
Zugkräfte auf, ohne daß das Seil unter Einfluß dieser Kräfte eine
Längenänderung erfuhr. Das Gas hatte deshalb in allen Kammern
den Druck der umgebenden Luft, also weder Überdruck noch
Unterdruck.

Wenn aber bei Fortfall des Seiles die Gassäule selbst zur Übertragung der Kräfte herangezogen wird, so muß sich unter Einfluß
dieser Kräfte der Gasdruck in den Kammern ändern, und zwar muß
der Gasdruck an irgendeiner Stelle des Rohres der Größe derjenigen
Kraft entsprechen, die früher an der gleichen Stelle des Rohres
durch das Seil übertragen wurde. War z. B. an einer Stelle des
Rohres im Seil eine Zugkraft von 1 kg, so muß bei Fortlassung des
Seiles unter sonst gleichen Bedingungen an dieser Stelle jetzt ein
Unterdruck des Gases von $1,0/F$ kg/m² bzw. mm WS herrschen,
wenn F m² den Rohrquerschnitt bezeichnet. Wäre z. B. $F = 1$ m²,
so würde der Unterdruck des Gases an der betreffenden Stelle —
gemessen gegen die Atmosphäre — 1 mm WS betragen.

Zwischen dem Druck p des Gases in dem einen Fall und der
Kraft K kg im Seil im anderen Fall besteht die Beziehung:

$$p = \pm\, K/F \text{ mm WS},$$

worin $+ K$ eine Druckkraft im Seil und $- K$ eine Zugkraft bedeutet. Dementsprechend wird p entweder positiv ($+ p =$ ein Überdruck) oder negativ ($- p =$ ein Unterdruck). Der Druckverlauf des Gases längs des Rohres entspricht daher dem Kraftverlauf im Seil. Wie der Kraftverlauf im Seil von der Größe der einzelnen Steigkräfte, von der Wirksamkeit und örtlichen Lage der »Bremse« bestimmt wird, genau so wird der (manometrische) Druckverlauf in der Gassäule durch die Größe der Steigkräfte, ferner durch die Größe und die örtliche Lage der Widerstände bestimmt.

Um gedanklich eine Übereinstimmung mit dem Vorgang der Abgasströmung in Feuerstätten oder Schornsteinen zu bekommen, muß man sich die Abstände der Scheiben sehr klein bzw. unendlich klein und die Scheiben selbst nur als gedachte Querschnitte in der Gassäule vorstellen; dann bekommt man statt des treppenförmigen Verlaufs einen kontinuierlichen Verlauf der Druckkurve.

Aus den vorstehenden Gedankengängen geht klar hervor, daß ein Schornstein in erster Linie eine Kraftmaschine bzw. eine energieerzeugende Maschine ist, ferner daß Druckänderungen der Abgase nur durch das Zusammenwirken von Steigkraft und Widerständen möglich sind.

Die mathematischen Beziehungen zwischen Steigkraft, Widerstand und Gasdruck in einem Rohr.

In Abb. 4 ist ein stehendes, unten offenes, oben aber abgedecktes Rohr von der Höhe h m und dem Querschnitt F m² dargestellt, das innen mit Gasen vom Raumgewicht γ_G kg/m³ angefüllt und außen von Luft mit einem Raumgewicht γ_L kg/m³ umgeben sei. Das im Rohr befindliche Gas sei leichter als die umgebende Luft, also $\gamma_G < \gamma_L$. Das Gas selbst ist an allen Stellen des Rohres in Ruhe. Die Gleichgewichtsbedingungen des Gases sind dadurch gekennzeichnet, daß die Summe aller Kräfte, die am oder im Gas wirken, in diesem Fall Null ist. Welche Kräfte greifen z. B. an der Teilgasmenge an, die sich im Rohr zwischen der unteren Rohröffnung und dem um h_x m höher gelegenen Querschnitt $x - x$ befindet?

1. Das Eigengewicht G_G dieser Teilgasmenge:

$$G_G = F \cdot h_x \cdot \gamma_G \text{ kg}$$

(abwärts).

2. Der äußere Luftdruck P_{L_u} kg/m² oder mm WS abs., der auf die untere Rohröffnung drückt und dadurch eine Kraft auf die Teilgasmenge ausübt von

$$K_u = F \cdot P_{L_u} \text{ kg}$$

(aufwärts).

3. Der Gasdruck P_{G_x} kg/m² oder mm WS abs., der im Querschnitt $x - x$ im Rohr herrscht und der von oben auf die Teilgasmenge eine Kraft K_x ausübt von der Größe

$$K_x = F \cdot P_{G_x} \text{ kg}$$

(abwärts).

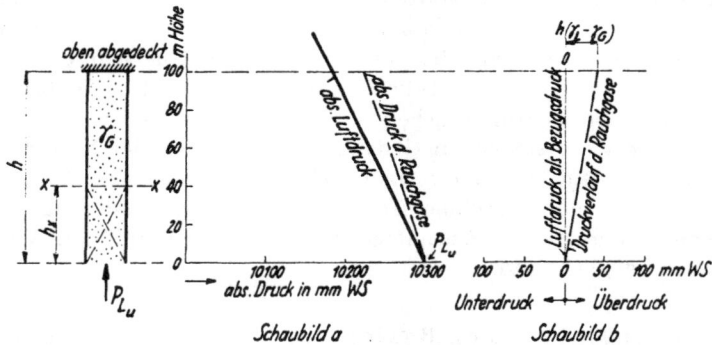

Abb. 4. Druckverhältnisse in einem mit leichtem Gas angefüllten Rohr, das oben abgedeckt ist.

Die Summe dieser Kräfte ist im Gleichgewichtszustand Null:

$$K_u - G_G - K_x = 0$$
$$K_u = G_G + K_x$$
$$F \cdot P_{L_u} = F \cdot h_x \cdot \gamma_G + F \cdot P_{G_x}.$$

Die Gleichung wird nach dem im Querschnitt $x - x$ herrschenden unbekannten absoluten Druck P_{G_x} mm WS aufgelöst:

$$P_{G_x} = P_{L_u} - h_x \cdot \gamma_G \text{ mm WS abs.}$$

(Das ist die Gleichung einer geraden Linie, wenn γ_G konstant.) Wie groß ist dagegen der abs. Druck P_{L_x} mm WS der das Rohr umgebenden Luft in Höhe des Querschnittes $x - x$? Für diese besteht die analoge Gleichung:

$$P_{L_x} = P_{L_u} - h_x \cdot \gamma_L \text{ mm WS abs.}$$

(Ebenfalls Gleichung einer geraden Linie.)

Durch die beiden letzten Gleichungen ist der Verlauf des absoluten Druckes sowohl der umgebenden Luft als auch des im Rohr befindlichen Gases abhängig von der Rohrhöhe bestimmt; man braucht nur h_x von 0 bis h zu ändern[1]). Schaubild a in Abb. 4 stellt beispielsweise den Druckverlauf der umgebenden Luft und des im Rohr befindlichen (Rauch-) Gases in Abhängigkeit von der Rohrhöhe dar für den Fall, daß $P_{L_u} = 10300$ mm WS abs. (gleich 760 mm QS); $\gamma_L = 1{,}20$ kg/m^3, $\gamma_G = 0{,}8$ kg/m^3 und $h = 100$ m ist.

Die in einem unten offenen, oben abgedeckten Rohr befindlichen Rauchgase von geringerem Raumgewicht als die umgebende Luft stehen unter einem höheren Druck als die umgebende Luft. Der Überdruck der Rauchgase gegenüber dem Luftdruck gleicher Höhenlage ergibt sich aus der Vereinigung der beiden letzten Gleichungen wie folgt:

$$p_y = P_{G_x} - P_{L_x} = (P_{L_u} - h_x \cdot \gamma_G) - (P_{L_u} - h_x \cdot \gamma_L)$$
$$= h_x (\gamma_L - \gamma_G) \text{ mm WS (Überdruck).}$$

Da wir bei allen praktischen Druckmessungen an Schornsteinen den in den verschiedenen Höhenlagen herrschenden Druck der umgebenden Luft (den atmosphärischen Druck) als Bezugsdruck wählen, diesen also gleich Null setzen, so ergeben sich bei Berücksichtigung dieses Umstandes die Druckverhältnisse nach Schaubild b (Abb. 4). Schaubild a und b unterscheiden sich nur durch den verschiedenen Bezugsdruck (Koordinatenverschiebung). Die Verhältnisse erscheinen uns in der Darstellung des Schaubildes b natürlicher, weil sie mit den Ergebnissen der üblichen Druckmessungen direkt übereinstimmen. Der Überdruck p_y der Rauchgase ist unter den angenommenen Voraussetzungen in der unteren Rohröffnung Null, weil $h_x = 0$, und steigt bis auf h $(\gamma_L - \gamma_G)$ mm WS am oberen abgedeckten Rohrende proportional an. Entsprechend den Zahlenwerten, die dem Schaubild a zugrunde gelegt wurden, ergibt sich im Schaubild b als größter Überdruck:

$$h (\gamma_L - \gamma_G) = 100 (1{,}2 - 0{,}8) = 40 \text{ mm WS.}$$

---

[1]) Da es sich bei Schornsteinen um verhältnismäßig geringe Höhen handelt, gibt die vorstehende einfache Formel genügend genaue Werte für die Änderung des absoluten Druckes mit zunehmendem Höhenunterschied.

Ist das mit leichten Rauchgasen angefüllte Rohr nicht oben sondern **unten** abgedeckt (oben ist es offen) — vgl. Abb. 5 —, so wirken folgende Kräfte auf die Teilgasmenge, die zwischen dem Querschnitt $x — x$ und dem oberen offenen Rohrende liegen:

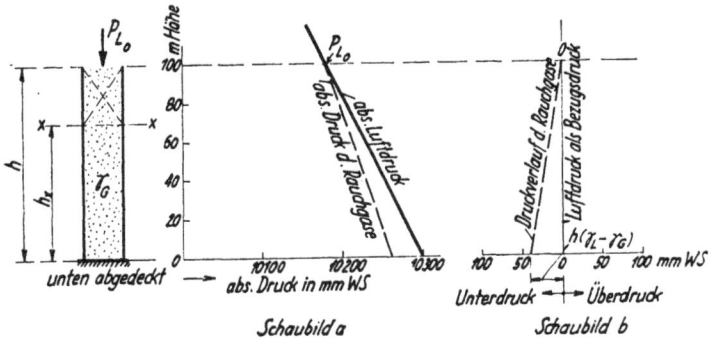

Abb. 5. Druckverhältnisse in einem mit leichtem Gas angefüllten Rohr, das unten abgedeckt ist.

1. Das Eigengewicht G_G dieser Teilgasmenge:
$$G_G = F \cdot (h — h_x) \times \gamma_G \text{ kg}$$
(abwärts).

2. Der äußere Luftdruck P_{L_o} kg/m² oder mm WS abs., der auf die obere Rohröffnung drückt und dadurch eine Kraft auf die Teilgasmenge ausübt von $K_0 = F \cdot P_{L_o}$ kg. Da $P_{L_o} = P_{L_u} — h \cdot \gamma_L$ mm WS abs. ist, so ist
$$K_0 = F \cdot (P_{L_u} — h \cdot \gamma_L) \text{ kg}$$
(abwärts).

3. Der Gasdruck P_{G_x} kg/m² oder mm WS abs., der im Querschnitt $x — x$ im Rohr herrscht und von unten auf die Teilgasmenge eine Kraft K_x ausübt von der Größe
$$K_x = F \cdot P_{G_x} \text{ kg}$$
(aufwärts).

Die Summe dieser Kräfte muß wieder Null sein:
$$K_x — G_G — K_0 = 0$$
$$K_x = G_G + K_0$$
$$F \cdot P_{G_x} = F \cdot (h — h_x) \gamma_G + F \cdot (P_{L_u} — h \cdot \gamma_L)$$
$$P_{G_x} = P_L — h \cdot \gamma_L + (h — h_x) \cdot \gamma_G \text{ mm WS abs.}$$

Durch diese Gleichung ist unter Annahme der Veränderlichkeit von h_x zwischen 0 und h der Verlauf des absoluten Druckes der Rauchgase im Rohr bestimmt (gestrichelte Linie im Schaubild a Abb. 5). Der Verlauf des absoluten Luftdruckes

$$P_{L,x} = P_{L_u} - h_x \, \gamma_L \text{ mm WS abs.}$$

ist vergleichsweise ebenfalls wieder mit eingezeichnet. Der Abb. 5 liegen im übrigen gleiche Zahlenwerte zugrunde wie in Abb. 4. Wie ersichtlich, haben die leichteren Rauchgase unter der gemachten Voraussetzung (Rohr unten abgedeckt) einen geringeren absoluten Druck als die umgebende Luft in gleicher Höhenlage. Sieht man wieder den Druck der umgebenden Luft als Bezugsdruck oder Nulldruck an — vgl. Schaubild b Abb. 5 —, so beträgt der Druckunterschied zwischen dem Rohrinnern und der Außenluft in der Höhenlage h_x jeweils:

$$p_y = P_{G,x} - P_{L,x} = [P_{L_u} - h \cdot \gamma_L + (h - h_x) \, \gamma_G] - (P_{L_u} - h_x \cdot \gamma_L)$$
$$= - (h - h_x) \, \gamma_L + (h - h_x) \, \gamma_G$$

oder

$$- p_y = (h - h_x) \, (\gamma_L - \gamma_G) \text{ mm WS (Unterdruck).}$$

Der Unterdruck der Rauchgase ist in der oberen Rohröffnung Null und erreicht am unteren abgedeckten Rohrende, wo $h_x = 0$, den größten zahlenmäßigen Wert $h \, (\gamma_L - \gamma_G)$ mm WS.

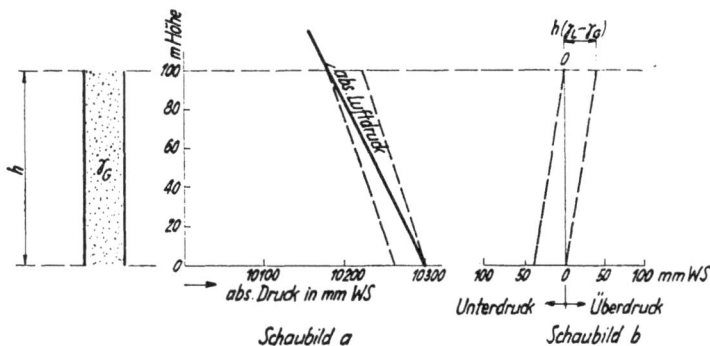

Abb. 6. Grenzdrucklinien bei einem mit leichtem Gas angefüllten Rohr.

In Abb. 6 sind beide Grenzfälle zeichnerisch in einem Schaubild vereinigt, wobei das Schaubild a sich auf absoluten Drücken aufbaut und das Schaubild b die Druckverhältnisse im Rohr bei Zugrunde-

legung des Atmosphärendruckes als Bezugs- oder Nulldruck darstellt. Die gestrichelten Linien (Grenzkurven) in Abb. 6 stellen die
größten Druckabweichungen vom Atmosphärendruck dar, die das
Gas an den verschiedenen Stellen im Rohr unter dem Einfluß der
Raumgewichtsdifferenz $(\gamma_L - \gamma_G)$ kg/m³ bei der Rohrhöhe h m
überhaupt annehmen kann.

Da im Schaubild b die Verhältnisse in natürlicher sinnfälliger
Weise veranschaulicht werden, wird im folgenden stets nur von
dieser Darstellung mit dem Druck der umgebenden Luft als Bezugs-
oder Nulldruck Gebrauch gemacht.

Es soll im Hinblick auf Schaubild a nur noch erwähnt werden,
daß die Abnahme des absoluten Luftdrucks mit zunehmender Höhe
ohne praktische Bedeutung für die hier zu behandelnden Fragen ist,
weil die Steigkraft einer hochsteigenden Gasmenge in verschiedenen
Höhen gleich bleibt. Es mußte jedoch der Unterschied im Standort
bei der Betrachtung der Verhältnisse klargelegt werden, weil ver-
schiedentlich behauptet wird, daß die Abnahme des absoluten Luftdruckes mit zunehmender Höhe von Einfluß auf den Strömungsvorgang in Schornsteinen ist und daher berücksichtigt werden
müsse[1]). Zweifel könnten nur darüber noch bestehen, was für Verhältnisse sich ergeben, wenn bei Vornahme einer Druckmessung die
Druckentnahmestelle im Rohr höher oder tiefer liegt als der Standort des Meßgerätes für die Anzeige des Druckes (z. B. wassergefülltes
U-Rohr) und zur Überbrückung des Höhenunterschiedes ein Verbindungsschlauch benutzt ist.

Hierzu ist zu bemerken, daß das Meßergebnis durch die verschiedene Höhenlage von Entnahmestelle und Meßgerät solange nicht
beeinflußt wird, als sich im Verbindungsschlauch Luft vom Zustand
der Umgebungsluft befindet. Ist jedoch ein Gas mit anderem Raumgewicht als solchem der Umgebungsluft, z. B. erwärmte Luft, darin
enthalten, so wird das Meßergebnis dadurch gefälscht. Hierauf muß
man gegebenenfalls achten.

---

[1]) Die Höhenlage des Standortes eines Schornsteines über dem
Meeresspiegel ist nur insofern von Bedeutung, als das Raumgewicht der
Luft in großen Höhen geringer ist und zur Verbrennung eines ge-
wissen Brennstoffgewichtes ein bestimmtes Luftgewicht (kg Sauer-
stoff) erforderlich ist, das Luftvolumen aber dabei keine Rolle spielt.
Vgl. Teil IVA.

Bei einem Vergleich zwischen den Beobachtungen, die wir an einem Rohr wahrnehmen, zwischen dessen offenen Enden ein äußerer Druckunterschied Δp besteht, und dem gleichen senkrecht gelagerten Rohr, wenn sich darin spezifisch leichtere Gase als die umgebende Luft befinden, können wir an Hand der Abb. 7 folgendes feststellen.

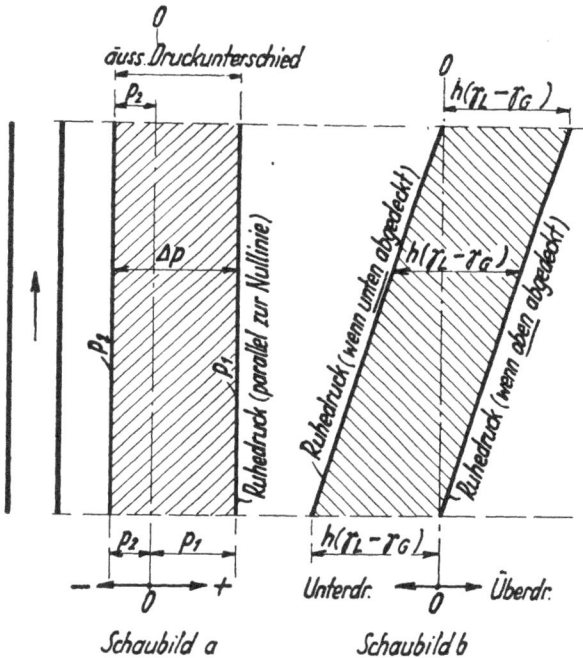

Abb. 7. Lage der Druckgebiete zur Null-Linie bei dem Strömungsvorgang infolge äußeren Druckunterschiedes (Schaubild a) bzw. infolge des Raumgewichtsunterschiedes (Schaubild b).

Im Schaubild 7a ist der aus den früheren Erörterungen bereits bekannte Fall dargestellt, daß zwischen den Umgebungen der Rohrenden ein äußerer Druckunterschied Δp besteht und die Null-Linie (Bezugsdrucklinie) innerhalb der äußeren Druckdifferenz liegt (vgl. auch Abb. 2 Schaubild c). Die Raumgewichte innerhalb und außerhalb des Rohres sind hierbei als gleich vorauszusetzen. Würde man die untere Rohröffnung abdecken, so stellt sich im ganzen Rohr der Unterdruck $- p_2$ mm WS ein. Würde man die obere Rohröff-

3*

nung abdecken, so stellt sich im ganzen Rohr der Überdruck p_1 mm WS ein. Die Ruhedrücke[1]) p_1 und p_2 mm WS sind daher als parallele Linien zur Null-Linie im Abstand von $+ p_1$ mm WS bzw. $- p_2$ mm WS anzuordnen.

Schaubild 7b stellt den anderen Fall dar, daß kein äußerer Druckunterschied besteht, aber im Rohr sich spezifisch leichtere Gase befinden. Deckt man unter diesen Verhältnissen das Rohr unten ab, so ergibt sich im Rohr Unterdruck, der von 0 mm WS an der oberen Öffnung bis auf $h \, (\gamma_L - \gamma_G)$ mm WS am unteren Rohrende proportional wächst. Bei oberer Abdeckung des Rohres bekommen wir Überdruck, der von 0 mm WS an der unteren Öffnung bis auf $h \, (\gamma_L - \gamma_G)$ mm WS am oberen Rohrende proportional ansteigt (vgl. auch Abb. 6b). Wir bekommen auch hier zwei Ruhedrucklinien — eine linke im Unterdruckgebiet und eine rechte im Überdruckgebiet —, die jedoch beide geneigt zur Null-Linie verlaufen. Ihr gegenseitiger Abstand, auf der Waagrechten gemessen, beträgt an allen Stellen $h \, (\gamma_L - \gamma_G)$ mm WS.

In gleicher Weise, wie im Fall des Schaubildes 7a der äußere Druckunterschied

$$\Delta p = p_1 - (- p_2) \text{ mm WS}$$

die einzige Ursache eines im Rohr möglichen Strömungsvorgangs ist, stellt im Schaubild 7b der Wert $h \, (\gamma_L - \gamma_G)$ mm WS die alleinige Ursache eines Strömungsvorgangs infolge Raumgewichtsunterschiedes dar. Der Wert $\Delta p = p_1 - (- p_2)$ mm WS bzw. kg/m² ist zahlenmäßig zugleich die je m³ Gas vorhandene Druckenergie (mkg/m³), die dem Strömungsvorgang zur Verfügung steht. Ebenso ist der Wert $h \, (\gamma_L - \gamma_G)$ mm WS bzw. kg/m² zugleich die Energie (mkg/m³), die je m³ Gas beim Durchströmen des Gases durch das Rohr erzeugt wird und dem Strömungsvorgang zur Verfügung steht.

Der wesentlichste Unterschied zwischen beiden Fällen besteht darin, daß in einem Fall die Druckenergie Δp mkg/m³ außerhalb des Rohres von einer fremden Quelle (z. B. Ventilator) erzeugt ist und schon bei Beginn des Strömungsvorgangs in vollem Umfange zur Verfügung steht, im anderen Fall die die Strömung verursachende Energie (= spezifische Treibenergie) $h \, (\gamma_L - \gamma_G)$ mkg/m³

---

[1]) Ruhedruck ist der statische Druck des Gases an der Meßstelle bei nichtströmendem Gas.

aber im Rohr selbst erst erzeugt wird, und zwar nicht auf
einmal an einer bestimmten Stelle des Rohres, sondern die Erzeugung findet gleichmäßig[1]) über die ganze Rohrlänge
statt. Deshalb schreibt man für die spezifische Treibenergie e auch
besser das Integral:

$$e = \int_0^h (\gamma_L - \gamma_G) \cdot d h \quad \text{mkg/m}^3.$$

Die Gesamtenergie ist daher am Rohranfang Null und gelangt in
allmählicher Steigerung am Rohrende (am Gasaustritt) auf den
Höchstwert $h\,(\gamma_L - \gamma_G)$ mkg/m³ [2]).

Diese grundsätzliche Verschiedenartigkeit in der örtlichen Lage
der Energieerzeugungsstellen bei den beiden Strömungsvorgängen
tritt auch in dem verschiedenartigen Aufbau der Schaubilder deutlich in Erscheinung. Im Falle des äußeren Druckunterschiedes
(Abb. 7a) verlaufen die Ruhedrucklinien (Grenzdrucklinien) parallel
zur Null-Linie (Atmosphärenlinie), im Falle des Raumgewichtsunterschiedes aber geneigt dazu.

Die Begründung dafür ist folgende: Ist im Idealfall der Energieverbrauch im Rohr Null, so ist bei dem Strömungsvorgang
infolge äußeren Druckunterschiedes die Druckenergie, die dem Gas
schon außerhalb des Rohres mitgeteilt war, auch innerhalb des
Rohres auf seiner ganzen Länge stets gleich groß, d. h. der Gasdruck ist von Anfang bis Ende des Rohres konstant (oder die

---

[1]) Wenn γ zunächst über die ganze Rohrlänge konstant angenommen
wird.

[2]) Den gleichen Fall haben wir auch sonst in der Mechanik, wie folgendes Beispiel zeigt: Ein Lastkahn werde auf einem Kanal dadurch
fortbewegt, daß eine große Anzahl von Menschen in gleichen Abständen
an einem gemeinsamen Seil ziehen, das an dem Kahn befestigt ist. Am
Anfang des Seiles ist die Energie im Seil Null, am Ende des Seiles, d. h.
an der Befestigungsstelle des Seiles am Kahn, hat sie den Höchstwert
= Summe aller Einzelenergiebeträge erreicht. Denkt man sich das Seil
durch einen starren Stab ersetzt, so kann die über den ganzen Stab gleichmäßig erzeugte Energie an einer beliebigen Stelle des Stabes oder auch
an mehreren beliebigen Stellen verbraucht werden. Besonders beachtenswert ist die dann eintretende Energieverteilung im Stab. Dieses
Bild von der gleichmäßig über einer Strecke erzeugten Energie und einem
auf bestimmte Stellen beschränkten Energieverbrauch trifft voll auf die
Energieverteilung längs eines Rohres zu, in dem durch Raumgewichtsunterschied ein Strömungsvorgang verursacht ist.

rechte Drucklinie verläuft im Schaubild parallel zur Null-Linie). Ebenso muß die linke Grenzdrucklinie als Basis des geringsten Gasdruckes parallel zur Atmosphärenlinie verlaufen. —

Bei dem Strömungsvorgang infolge Raumgewichtsunterschiedes wird die Energie erst im Rohr erzeugt. Ist im Idealfall der Energieverbrauch im Rohr Null, so muß der Gasdruck an einer Stelle des Rohres genau so hoch sein wie die vom Gas auf dem Wege vom Rohranfang bis zu der betreffenden Stelle erzeugte Energie. Je höher diese Stelle über dem Rohranfang liegt, desto größer ist die bis zu dieser Stelle erzeugte Energie, desto höher ist demnach auch der Gasdruck, wenn bis dahin kein Energieverbrauch stattgefunden hat. Im Idealfall muß der Gasdruck daher von dem Wert Null (= Atmosphärendruck) am unteren Rohrende auf den Höchstwert h ($\gamma_L - \gamma_G$) kg/m^2 bzw. mm WS Überdruck am oberen Rohrende proportional ansteigen. Das ergibt aber die rechte Grenzkurve im Schaubild 7 b. — Die linke Grenzdruckkurve ergibt sich dann, wenn am unteren Rohrende ein Unterdruck von h ($\gamma_L - \gamma_G$) mm WS herrscht. Der Gasdruck muß auch hier mit zunehmender Rohrhöhe in gleicher Weise zunehmen und am oberen Rohrende den Druck Null (= Atmosphärendruck) erreichen.

Die schraffierten Streifen in Abb. 7, die in beiden Fällen von den Ruhedruck- oder Grenzlinien begrenzt werden, stellen das Druckgebiet dar, innerhalb dessen der Druckverlauf des durch das Rohr strömenden Gases praktisch liegen kann. Es ist daher gewöhnlich nicht möglich, daß der statische Druck des strömenden Gases an irgendeiner Stelle außerhalb des schraffierten Streifens liegt[1]).

In Abb. 8 und 9 sind die Druckverhältnisse eines durch äußeren Druckunterschied (Abb. 8) und durch Raumgewichtsunterschied (Abb. 9) verursachten Strömungsvorgangs gegenübergestellt, wenn die Energiebeträge für die Erzeugung der Strömungsvorgänge gleich groß sind (Δp mkg/m^3 hat den gleichen zahlenmäßigen Wert wie h ($\gamma_L - \gamma_G$) mkg/m^3) und die Widerstände nach örtlicher Lage und Größe dieselben sind. Mit anderen Worten: Die Schaubilder stellen die Verhältnisse dar, die sich ergeben, wenn wir das Rohr einmal

---

[1]) Eine sehr seltene Ausnahme hiervon zeigt Abb. 19 b.

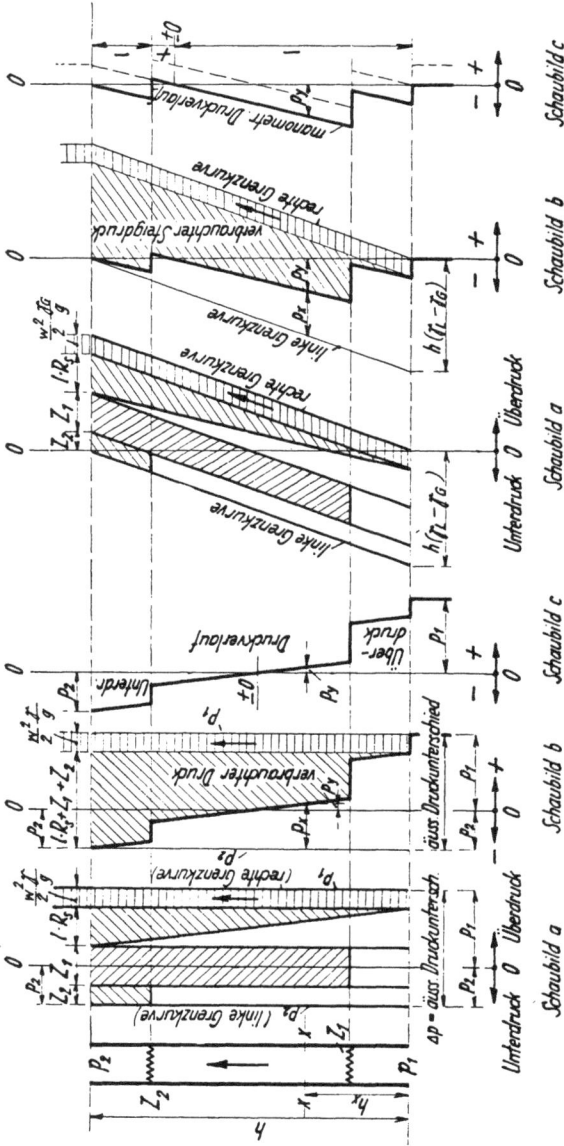

Abb. 8. Druckverhältnisse bei einem durch äußeren
Druckunterschied verursachten Strömungsvorgang.

Abb. 9. Druckverhältnisse bei einem durch Raumgewichtsunterschied verursachten Strömungsvorgang.

Anmerkung zu Abb. 8 u. 9. Die waagerecht gemessenen Höhen der schraffierten Flächen in den Schaubildern geben den bereits umgesetzten (verbrauchten) Anteil des Treibdrucks an, die Höhen der nicht schraffierten Flächen den noch vorhandenen Rest an Treibdruck. Die Schaubilder a zeigen die Aufteilung der vorhandenen Treibdrücke (l_p bzw. $h(\gamma_l - \gamma_0)$) auf den dynamischen Druck und die Widerstände, die Schaubilder b dasselbe, wobei jedoch die Umsetzungen in der Reihenfolge geordnet sind, wie sie nacheinander im Rohr tatsächlich erfolgen. — In Abb. 9 c ist die stark ausgezogene Linie der manometrische Druckverlauf bei Messung mit einem Staurohr (also einschließlich dem dynamischen Druck).

einem äußeren Druckunterschied aussetzen (Abb. 8) und das andere Mal im gleichen Rohr eine gleich große Treibenergie durch Raumgewichtsunterschiede wirken lassen (Abb. 9). Die erreichten Geschwindigkeiten bzw. dynamischen Drücke sind in beiden Fällen gleich, ebenfalls ist der Unterschied zwischen dem statischen Druck des strömenden Gases an einer Stelle und den Drücken der Grenzlinien an der gleichen Stelle in beiden Fällen derselbe. Es ist z. B. in Schaubild 8b der Druckunterschied p_x im Querschnitt $x - x$:

$$p_x = \Delta p - \left(\frac{w^2}{2} \cdot \frac{\gamma_G}{g} + h_x \cdot R_s + \overset{h_r}{\underset{0}{\Sigma}} Z\right) \text{ mm WS}$$

oder

$$p_x = (h - h_x) \cdot R_s + \overset{h}{\underset{h_x}{\Sigma}} Z \text{ mm WS.}$$

Derselbe Druck p_x von gleicher Größe befindet sich an gleicher Stelle im Schaubild 9b; sein Wert beträgt:

$$p_x = h\,(\gamma_L - \gamma_G) - \left(\frac{w^2}{2} \cdot \frac{\gamma_G}{g} + h_x \cdot R_s + \overset{h_r}{\underset{0}{\Sigma}} Z\right) \text{ mm WS}$$

oder

$$p_x = (h - h_x) \cdot R_s + \overset{h}{\underset{h_x}{\Sigma}} Z \text{ mm WS.}$$

Vergleicht man jedoch den Unterschied zwischen dem statischen Druck des strömenden Gases an einer Stelle und dem Atmosphärendruck (Null-Linie), wie in den Schaubildern 8c und 9c geschehen, so stimmen die Werte des einen Schaubildes mit den an gleicher Stelle vorhandenen Werten des anderen Schaubildes nicht überein. Die mit p_y in Abb. 8 und 9 bezeichneten Werte sind verschieden.

Bei der meßtechnischen Untersuchung von Strömungsvorgängen war es bisher üblich, den Wert p_y — d. h. den statischen Druck des strömenden Gases an irgendeiner Stelle gemessen gegen die Atmosphäre — zu messen und diesen als »Zugstärke« des Schornsteines zu bezeichnen. Bevor eine Kritik über die Zweckmäßigkeit oder den Wert dieser Messungen von p_y abgegeben wird, muß vorerst Klarheit darüber bestehen, was der Meßwert p_y überhaupt darstellt und was für Schlüsse und Erkenntnisse aus dem Meßergebnis für den im Rohr herrschenden Strömungsvorgang sich ergeben.

Bei dem durch äußeren Druckunterschied verursachten Strömungsvorgang (Abb. 8) ist der Meßwert p_y als Hilfsmittel zur Erkenntnis eines unbekannten Strömungsvorgangs in Abschnitt I B bereits behandelt. Im allgemeinen hat die Ermittlung von p_y hier nur dann einen Zweck, wenn der in der Umgebung der oberen Rohrmündung herrschende Druck p_2 mit dem Atmosphärendruck zusammenfällt, das Gas also frei in die Atmosphäre ausbläst. Unter dieser Voraussetzung ist dann auch p_y stets gleich p_x. In anderen Fällen lassen sich aus dem einzelnen Meßwert p_y Erkenntnisse für den Strömungsvorgang nicht immer gewinnen.

Bei einem durch Raumgewichtsunterschied verursachten Strömungsvorgang liegen die Verhältnisse etwas anders. In der Umgebung der unteren und oberen Rohröffnung herrscht je der atmosphärische Druck. Der Null-Linie kommt daher hier eine größere Bedeutung zu, weil sie nicht — wie im vorigen Fall — eine beliebige Lage haben kann, ohne daß der Strömungsvorgang dadurch beeinflußt wird, sondern stets eine zentrale Lage im Schaubild einnimmt. Der Wert p_y an einer Stelle $x-x$ ergibt sich stets als Unterschied der Energie, die auf der Strecke von Rohranfang bis zu der Stelle $x-x$ erzeugt ist, vermindert um den Energieverbrauch, der auf der gleichen Strecke stattgefunden hat. Die erzeugte Energie auf der Strecke h_x (vgl. Abb. 9) ist $h_x (\gamma_L - \gamma_a)$ mkg/m³, die verbrauchte Energie aber

$$\left(\frac{w^2}{2} \cdot \frac{\gamma_a}{g} + h_x \cdot R_s + \overset{h_r}{\underset{0}{\Sigma}} Z \right) \text{mkg/m}^3,$$

p_y mkg/m³ ist dann der Unterschied von beiden oder die übrigbleibende Energie (bzw. der dieser Energie zahlenmäßig gleiche statische Gasdruck = manometrische Druck). Folgende Gleichung besteht also:

$$p_y = h_x (\gamma_L - \gamma_a) - \left(\frac{w^2}{2} \cdot \frac{\gamma_a}{g} + h_x \cdot R_s + \overset{h_r}{\underset{0}{\Sigma}} Z \right) \text{mkg/m}^3 \;\;\; \text{kg/m}^2 = \text{mm WS.}$$

Ist die auf der Strecke h_x erzeugte Energie $h_x (\gamma_L - \gamma_a)$ mkg/m³ größer als der Energieverbrauch auf der gleichen Strecke, so ist p_y positiv, d. h. es ist an der Stelle $x-x$ die erzeugte Energie im Überschuß vorhanden oder an der Stelle $x-x$ messen wir einen statischen Überdruck des strömenden Gases gegen die Atmosphäre.

Ist $h_x (\gamma_L - \gamma_a)$ kleiner als $\left(\frac{w^2}{2} \cdot \frac{\gamma_a}{g} + h_x \cdot R_s + \overset{h_r}{\underset{0}{\Sigma}} Z \right)$, so ist p_y negativ; wir haben Unterdruck an der Stelle $x-x$.

Ein dritter Fall ergibt sich bei Gleichheit von $h_x (\gamma_L - \gamma_G)$ und $\left(\dfrac{w^2}{2} \cdot \dfrac{\gamma_G}{g} + h_x \cdot R_s + \overset{h_x}{\underset{0}{\Sigma}} Z \right)$, dann ist $p_y = 0$; an der Stelle $x - x$ im Rohr hat das strömende Gas dann Atmosphärendruck.

Der Meßwert p_y ist — wie dargelegt — stets ein Meßwert, der sich als Unterschied von zwei Werten ergibt. Da wir bei dieser Subtraktion weder den Minuend $h_x (\gamma_L - \gamma_G)$ noch den Subtrahend $\left(\dfrac{w^2}{2} \cdot \dfrac{\gamma_G}{2} + h_x \cdot R_s + \overset{h_x}{\underset{0}{\Sigma}} Z \right)$ kennen, sondern meßtechnisch nur das Resultat, also die Differenz von beiden erfahren, kann der Meßwert p_y allgemein jedenfalls keinen Aufschluß über erzeugte oder verbrauchte Energien bei diesem Strömungsvorgang geben.

Dieser Wert p_y wird in der Praxis häufig als »Zugstärke« bezeichnet. Die meisten Leute glauben sogar, daß diese sogenannte »Zugstärke« das Maß für die Größe der vom Schornstein im Augenblick des Messens entwickelten Energie ist oder gar ein Maß für die stündlich abbeförderte Abgasmenge darstellt. Allgemein trifft das keineswegs zu.

Die »Zugstärke« kann — wie oben nachgewiesen — ein Überdruck oder Unterdruck oder ein Druck Null sein; trotzdem kann in allen Fällen der Schornstein vorzüglich arbeiten; denn »Zugstärke« ist ja nur die Differenz zwischen der vom Schornsteinanfang bis zur Meßstelle entwickelten Energie, vermindert um die auf dieser Strecke verbrauchte Energie, aber nicht etwa allgemein ein Maß für die gesamte vom Schornstein entwickelte Energie. Mit anderen Worten: der Wert p_y oder der an einem Punkt des Rohres festgestellte Differenzbetrag zwischen der bis zur Meßstelle erzeugten und verbrauchten Energie hat zunächst nur Gültigkeit an der betreffenden Meßstelle. Das Ergebnis ist aber nicht übertragbar auf die im ganzen Rohr herrschenden Verhältnisse.

Liegt z. B. die Meßstelle für p_y am unteren Teil des Rohres (ist also h_x und damit $h_x (\gamma_L - \gamma_G)$ ein kleiner Wert) und befinden sich wenig oder gar keine Widerstände auf der Strecke vom Rohranfang bis zur Meßstelle (d. h. die Summe der verbrauchten Energie $\left(\dfrac{w^2}{2} \cdot \dfrac{\gamma_G}{g} + h_x \cdot R_s + \overset{h_x}{\underset{0}{\Sigma}} Z \right)$ bis zur Meßstelle ist ebenfalls gering), so fällt auch der Wert für p_y an dieser Stelle gering aus. Damit ist jedoch nicht gesagt, daß das Rohr als Ganzes ebenfalls nur geringe Energie erzeugt und verbraucht. Im Gegenteil: die gesamt im Rohr erzeugten und verbrauchten Energien können sehr groß sein.

Wenn sich erzeugte und verbrauchte Gesamtenergie an einer beliebigen Stelle im Rohr die Waage halten, so ist der Ausschlag des an dieser Stelle eingebauten Druck- oder Zugmessers Null. Der Ausschlag eines Meßgerätes wird um so größer, je größer an der betreffenden Stelle der Unterschied zwischen beiden Energien ist. Dabei ergibt ein Überschuß an e r z e u g t e r Energie einen Ausschlag nach der Überdruckseite der Skala, ein Überschuß an v e r b r a u c h t e r Energie aber einen Ausschlag nach Unterdruck.

Um größte Ausschläge des Meßgerätes zu bekommen, müssen wir es dort einbauen, wo der Unterschied zwischen erzeugter und verbrauchter Energie (mkg/m³) am größten ist. Wir können bei besonders gearteten Verhältnissen es mitunter sogar erreichen, daß von dem Meßgerät fast der insgesamt im Rohr verbrauchte Energiebetrag angezeigt wird und — weil ja nach der für das ganze Rohr geltenden Energiebilanz die insgesamt vom Rohr erzeugte Energie stets gleich sein muß der insgesamt verbrauchten Energie — haben wir auf diese Weise zugleich die Möglichkeit, den Wert der insgesamt je m³ Gas erzeugten Energie zu messen. Es sei besonders betont, daß es nur die auf 1 m³ Gas bezogene Gesamtenergie (mkg/m³) ist. Erst wenn wir auch noch die in der Zeiteinheit das Rohr durchströmende Gasmenge, also den Gasstrom in Q m³/s etwa durch Messungen gefunden hätten, könnten wir etwas über die vom Rohr tatsächlich erzeugte Gesamtleistung

$$N_{ges} = Q \cdot h \, (\gamma_L - \gamma_G) \, \text{mkg/s}$$

aussagen.

Unter welchen besonderen Verhältnissen zeigt nun ein Meßgerät den Gesamtenergieverbrauch (mkg/m³) des Rohres an?

An Hand der früheren Gleichung für p_y

$$p_y = h_x (\gamma_L - \gamma_G) - \left(\frac{w^2}{2} \cdot \frac{\gamma_G}{g} + h_x \cdot R_s + \overset{h_r}{\underset{0}{\Sigma}} Z \right) \text{mkg/m}^3 \text{ bzw. kg/m}^2$$

läßt sich sofort folgendes entscheiden: Ist h_x sehr klein oder Null, so ist auch $h_x (\gamma_L - \gamma_G)$ mkg/m³, also die auf dieser Strecke erzeugte Energie sehr klein oder Null; d. h. die Meßstelle muß am unteren Rohrende liegen. Ferner müssen am Rohranfang bzw. vor der Stelle, an der die Steigenergie einsetzt, alle Widerstände liegen.

Oberhalb der Meßstelle dürfen keine Widerstände vorhanden sein. Unter diesen Verhältnissen ist:

$$p_y = -\left(\frac{w^2}{2} \cdot \frac{\gamma_G}{g} + h_x \cdot R_s + \overset{h_x}{\underset{0}{\Sigma}} Z\right) \text{mkg/m}^3$$

$$\underbrace{\phantom{-\left(\frac{w^2}{2} \cdot \frac{\gamma_G}{g} + h_x \cdot R_s + \overset{h_x}{\underset{0}{\Sigma}} Z\right)}}_{\text{Energieverbrauch auf der Strecke } h_x.}$$

Da der Energieverbrauch auf der Strecke h_x zugleich der Energieverbrauch des ganzen Rohres sein soll und für den Gesamtenergieumsatz des Rohres die Gleichung gilt:

$$\underbrace{\frac{w^2}{2} \cdot \frac{\gamma_G}{g} + h_x \cdot R_s + \overset{h_x}{\underset{0}{\Sigma}} Z}_{\substack{\text{Gesamtverbr. im ganzen}\\ \text{Rohr}}} = \underbrace{h\,(\gamma_L - \gamma_G)}_{\substack{\text{Gesamt-}\\ \text{erzeugung}}} \text{mkg/m}^3,$$

so ist in diesem besonderen Fall: $p_y = -h\,(\gamma_L - \gamma_G)$ mkg/m³ bzw. kg/m². p_y gibt also unter diesen bestimmten Voraussetzungen den negativen Wert von der insgesamt erzeugten Energie des Rohres an.

Der Wert p_y bzw. die »Zugstärke« würde nur dann zahlenmäßig genau mit dem Wert $h\,(\gamma_L - \gamma_G)$, also mit der tatsächlich je m³ Gas erzeugten Steigenergie übereinstimmen, wenn 1. die Messung von p_y am unteren Rohrende vorgenommen wird und 2. zugleich die untere Rohröffnung abgedeckt ist. Wenn nicht gleichzeitig beide Voraussetzungen erfüllt sind, gibt der Meßwert p_y nicht die Gesamt-»Zugstärke« an.

Der Wert p_y kann in dem Fall ungefähr ein Maß für die Größe der Energieerzeugung je m³ Gas sein, wenn alle Einzelwiderstände sich auf einen einzigen beschränken, der in der Nähe des unteren Rohrendes liegt, im übrigen Teil des Rohres daher Einzelwiderstände fehlen, wenn ferner die Rohrreibung bzw. die Abgasgeschwindigkeit im Rohr gering ist und die Meßstelle von p_y unmittelbar oberhalb des Einzelwiderstandes liegt (vgl. Abb. 10).

Diese Voraussetzungen treffen ungefähr bei industriellen Kohlenfeuerstätten (Dampfkesselanlagen mit liegendem Kessel) und auch bei Zentralheizungskesseln und niedrigen Zimmerheizöfen zu. Große Einzelwiderstande sind z. B.: die Brennstoffschicht mit den in unmittelbarer Nähe davon gelegenen Wärmeübertragungsflächen, fe:ner Luftregelvorrichtungen, der Rost und Drosseleinrichtungen. Im anschließenden gerade hochgeführten Schornstein fehlen nennenswerte Einzelwiderstände.

Bei fast allen anderen Feuerstätten, z. B. Gasfeuerstätten (gasbeheizten Badeöfen und Raumheizgeräten), ferner Feuerstätten, die mit Öl als Brennstoff betrieben werden, und bei vielen häuslichen Kohlenfeuerstätten fehlen die genannten Voraussetzungen — wie später im II. Teil im einzelnen noch gezeigt wird — und darum ist in allen diesen letzteren Fällen der Wert p_y kein angenähertes Maß für die Größe der Energieerzeugung je m³ Gas, und es ist daher

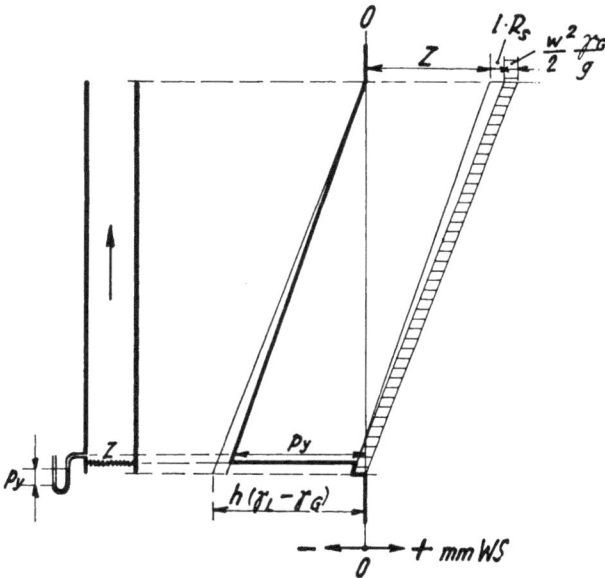

Abb. 10. Schematische Darstellung des Strömungsvorgangs bei einer Kohlenfeuerstätte.

zwecklos und irreführend, solche Messungen am ungeeigneten Objekt vorzunehmen. Es ist bedenklich, so zu messen, weil man meist annimmt, daß dieser Messung hier die gleiche Bedeutung zukommt wie bei industriellen Feuerungsanlagen. Dieser Fehler wird durchweg gemacht; die »Zugstärke« wird mit feinsten Instrumenten auf $1/10$ mm WS sorgfältig von Ingenieuren bestimmt, dabei ist oft die ganze Grundlage oder der Wert einer solchen Messung mehr als zweifelhaft oder trügerisch.

Messungen statischer Drücke bei Strömungsvorgängen als Mittel zur Erkenntnis einer Strömung sind stets unbefriedigende Verlegenheitsmessungen, ganz besonders trifft das auf Strömungsvorgänge zu, deren Ursache Raumgewichtsunterschiede sind, wenn man noch obendrein nur an einer Stelle mißt. Man darf den Meßergebnissen nicht einen Wert für die Erkenntnis des Strömungsvorgangs beilegen, den sie nicht haben. Statt der vielfach wertlosen Druckmessungen sollte man besser Geschwindigkeitsmessungen des Gases im Schornstein durchführen, die tatsächlich dem Messenden einen gewissen Aufschluß über die stündlich abgeführte Abgasmenge geben[1]).

Die Verhältnisse beim Ablauf des Strömungsvorgangs überblickt man in einfachster Weise, wenn man den Strömungsvorgang nicht vom Standpunkt der atmosphärischen Null-Linie aus betrachtet, sondern von der rechten und linken Grenzlinie. Wie der durch äußeren Druckunterschied verursachte Strömungsvorgang nur von den Drücken p_1 und p_2 richtig betrachtet und beurteilt werden kann (vgl. Abb. 8, Schaubild b) und der Umgebungsdruck (Atmosphärendruck) in keinem direkten Zusammenhang mit dem Strömungsvorgang steht, genau so kann auch der Strömungsvorgang infolge Raumgewichtsunterschied nur von den beiden Grenzkurven aus richtig betrachtet werden. Wie im Schaubild b der Abb. 8 der Gasdruck von der rechten Grenzlinie (am Rohranfang) nach Maßgabe der Widerstände im Rohr allmählich auf die linke Grenzkurve (am Rohrende) übergeht, in gleicher Weise geht der Gasdruck im Schaubild b der Abb. 9 von der rechten Grenzkurve (am Rohranfang) allmählich — und zwar nach Maßgabe der zu überwindenden Strömungswiderstände im Rohr — auf die linke Grenzkurve (am Rohrende) über. Wie aus dem Vergleich der beiden Schaubilder b der Abb. 8 und 9 hervorgeht, ist dann die im Rohr erfolgende Umsetzung des äußeren Druckunterschiedes

$$\Delta p = p_1 - (- p_2) = p_1 + p_2$$

[1]) Die ganzen Verhältnisse, die bei dem durch Raumgewicht verursachten Strömungsvorgang vorliegen, kann man sich in anschaulicher Weise an einem Eisenbahntriebwagenzug klarmachen. Vergleiche »Ursache und Begleiterscheinungen des Strömungsvorgangs bei der Abgasabführung« von Dr. Schumacher. — Zeitschrift: »Techn. Monatsblätter« vom Dezember 1933 und Januar 1934. Verlag »Der Gasverbrauch.«

einerseits und des Wertes (Steigdrucks) $h\,(\gamma_L - \gamma_G)$ andererseits genau gleich; der einzige Unterschied besteht darin, daß in Abb. 9 das ganze Schaubild geneigt zur atmosphärischen Null-Linie liegt, während es in Abb. 8 parallel zur atmosphärischen Null-Linie liegt.

Über Bezeichnungen und Dimensionen.

Wie man bei allen mechanischen Vorgängen zwischen Ursache und Wirkung unterscheidet, so kann man auch bei dem hier behandelten Strömungsvorgang nach der Ursache und der Wirkung fragen. Die Ursache wird in unserem Falle durch den Wert $h\,(\gamma_L - \gamma_G)$ dargestellt, die Wirkung durch die anderen Werte $\frac{w^2}{2} \cdot \frac{\gamma_G}{g}$, $l \cdot R_s$ und ΣZ; wir können auch so sagen: Damit eine Strömung stattfinden kann, muß erzeugte Energie vorhanden sein, die bei der Einleitung und beim Ablauf des Strömungsvorgangs verbraucht (bzw. umgesetzt) werden kann. Der erste Wert $h\,(\gamma_L - \gamma_G)$ hängt mit der Energieerzeugung, die übrigen Werte mit dem Energieverbrauch zusammen. Es ist jedoch der Betrag $h\,(\gamma_L - \gamma_G)$ nicht die insgesamt von einem Schornstein erzeugte Energie, denn diese beträgt $V \cdot h\,(\gamma_L - \gamma_G)$ mkg, wenn V der Rauminhalt des Schornsteines ist, sondern $h\,(\gamma_L - \gamma_G)$ ist die je m³ Rauminhalt des Schornsteins bzw. je m³ Gas erzeugte Energie.

$h\,(\gamma_L - \gamma_G)$ ist die in 1 m³ Gas vorhandene Steigkraft ($=$ kg/m³) mal der Weglänge h m, hat also die Dimension mkg/m³ und die Bezeichnung »Steigenergie von 1 m³ Gas«. Das gleiche trifft für die anderen genannten Werte zu. Die Dimension mkg/m³ kann man durch mathematische Kürzung noch in die einfachere Form kg/m² bringen. Obwohl sich der zahlenmäßige Betrag dadurch nicht ändert, hat sich aber der Begriff geändert; denn kg/m² ist eine auf die Flächeneinheit bezogene Kraft bzw. ein Druck. Diese Einheitskraft bzw. dieser Druck stellt in bezug auf den Wert $h\,(\gamma_L - \gamma_G)$ kg/m² wieder ein Maß für die Größe der Ursache des Strömungsvorgangs dar. Dem mathematischen Wert $h\,(\gamma_L - \gamma_G)$ kg/m² kann man deshalb die anschauliche Bezeichnung »Steigdruck« des Strömungsvorgangs geben. »Steigdruck« oder »Treibdruck infolge Raumgewichtsunterschied« werden im folgenden häufiger benutzt.

Sonst wird in der Feuerungstechnik der Wert h $(\gamma_L - \gamma_G)$ kg/m², vielfach als »Auftrieb« bezeichnet. Ob diese Bezeichnung gut gewählt ist, sei dahingestellt. Unter dem Ausdruck »Auftrieb« versteht man jedenfalls in anderen Fachgebieten etwas anderes: »Auftrieb« A kg ist in der Hydromechanik z. B. die senkrecht nach oben wirkende Kraft, die vom Wasser auf einen ein- oder untergetauchten Körper ausgeübt wird; formelmäßig $A = F \cdot h \cdot \gamma_{\text{Wasser}}$ kg. Sie ist gleich dem Gewichte der verdrängten Flüssigkeit. In der Aerostatik ist Auftrieb eines Gasballons mit dem Volumen V m³ das Produkt $V \cdot \gamma_L$ kg, also das Gewicht der durch den Ballon verdrängten Luftmenge, während der Wert $V \cdot (\gamma_L - \gamma_G)$ kg als »Steigkraft« bezeichnet wird. Die in diesen beiden Fällen gebrauchten Bezeichnungen »Auftrieb« sind unter sich gleich und decken sich mit den Begriffen. Wo die Aerostatiker mit Steigkraft rechnen und dabei das Volumen als Ganzes in Rechnung setzen, pflegen die Strömungstechniker die Kraft auf die Flächeneinheit zu beziehen, also mit Druck (kg/m²) zu rechnen.

Rechnerische und zeichnerische Methoden zur Lösung von Aufgaben bei diesem Strömungsvorgang.

Ist in einer Abgasleitung die Abgastemperatur an allen Stellen gleich groß, so ist auch das Raumgewicht der Abgase und damit die Differenz zwischen Raumgewicht der umgebenden Luft und des Abgases über die Rohrlänge konstant. Abb. 11 stellt diesen Fall dar: Schaubild a den Temperaturverlauf und Schaubild b den entsprechenden Verlauf des Raumgewichtes abhängig von der Rohrlänge. Die zwischen den Raumgewichtsgeraden der Luft und des Abgases gelegene Fläche stellt den Wert h $(\gamma_L - \gamma_G)$ mm WS dar; sie ist also ein Maß des im Rohr wirksamen Treibdrucks (Steigdrucks).

Praktisch ist wegen vorhandener Wärmeverluste die Temperatur des Abgases über die Länge der Rohrleitungen nicht konstant, sondern die Abgastemperatur nimmt mit der Höhe der Abgasleitung ab und das Raumgewicht der Abgase zu (vgl. in Abb. 12a und b die Verringerung der Temperatur und die entsprechende Vergrößerung des Raumgewichtes der Abgase in Abhängigkeit von der Rohrlänge).

Auch bei einem mit der Rohrlänge veränderlichen Raumgewicht der Abgase ist die Fläche, die von der Raumgewichts g e - r a d e n der Luft und der Raumgewichts k u r v e der Abgase begrenzt wird (Abb. 12 b), wieder direkt ein Maß für die Größe des Steigdrucks.

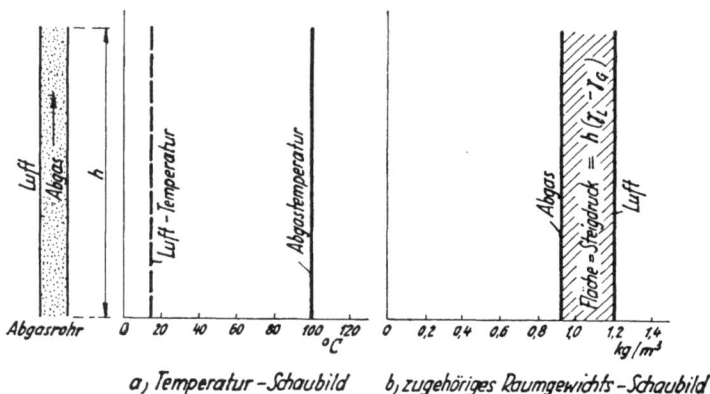

a) Temperatur-Schaubild   b) zugehöriges Raumgewichts-Schaubild

Abb. 11. Zusammenhang zwischen Abgastemperatur und Steigdruck
bei gleichbleibender Abgastemperatur.

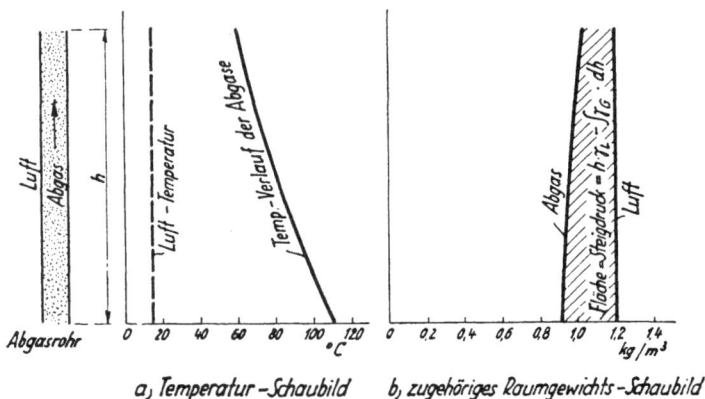

a) Temperatur-Schaubild   b) zugehöriges Raumgewichts-Schaubild

Abb. 12. Zusammenhang zwischen Abgastemperatur und Steigdruck
bei veränderlicher Abgastemperatur.

Will man die Größe des Steigdrucks p_{stg} errechnen, so muß man jetzt schreiben:

$$d\,p_{stg} = (\gamma_l - \gamma_G) \cdot d\,h \ \text{mm WS}$$

oder, weil γ_L konstant ist:

$$p_{stg} = h \cdot \gamma_L - \int_0^h \gamma_G \cdot d\,h \text{ mm WS}.$$

Wäre die Abhängigkeit des Raumgewichts der Abgase von der Rohrlänge durch eine Gleichung gegeben, so ließe sich das Integral auswerten. Das Raumgewicht der Abgase ist aber eine Funktion der Abgastemperatur, und die Abgastemperatur wieder eine Funktion der Rohrlänge, der Rohrweite, der durch das Rohr in der Zeiteinheit strömenden Abgasmenge, ferner des Wärmedurchgangs durch die Rohrwandungen und der Umgebungstemperatur. Bei dieser großen Anzahl von Abhängigkeiten ist die rechnerische Ermittlung der Abhängigkeit des Raumgewichts der Abgase von der Rohrlänge recht umständlich[1]). Jedenfalls ist der Wert $(\gamma_L - \gamma_G)$ als Funktion von h nicht durch eine einfache Gleichung darzustellen. Aus diesem Grunde ist die zeichnerische Ermittlung des Steigdrucks nach Abb. 12a und b meist vorzuziehen, zumal diese Methode auch viel übersichtlicher ist.

Wenn das Raumgewicht der Abgase gleich ist dem Raumgewicht der umgebenden Luft, so ist der Steigdruck Null; nach der zeichnerischen Methode gibt es dann keine Steigdruckfläche mehr. Ist aber das Raumgewicht der Abgase noch größer als das der umgebenden Luft, so verwandelt sich der in den beiden früheren Beispielen nach aufwärts wirkende Steigdruck jetzt in einen nach abwärts wirkenden Falldruck. Infolge des Falldrucks entsteht im Rohr eine nach abwärts gerichtete Strömung (ein Rückstrom).

In Abb. 13a ist die Temperatur der Abgase tiefer als die der umgebenden Luft angenommen; demzufolge ist in Abb. 13b das Raumgewicht der Abgase größer als das der Luft. Die zwischen den Raumgewichtsgeraden des Abgases und der Luft liegende Fläche ist wieder direkt ein Maß für die Größe des Falldrucks. Praktisch ist das Raumgewicht der Abgase in Abgasleitungen öfters größer als das Raumgewicht der umgebenden Luft, wenn z. B. bei einem plötzlichen Witterungsumschlag von kalt nach warm die Temperatur des Schornsteins (infolge seiner Trägheit bei Temperaturveränderungen) hinter der Temperatur der Außenluft zurückbleibt. Auch bei hohem CO_2-Gehalt der Abgase und niedriger Abgastemperatur können solche Erscheinungen auftreten.

---

[1]) Vgl. Fußnote Seite 120.

In einer Abgasleitung kann nicht nur Steigdruck oder nur Falldruck allein bestehen, sondern es können Steigdruck und Falldruck auch gleichzeitig auftreten. Praktisch kommt dies fast immer

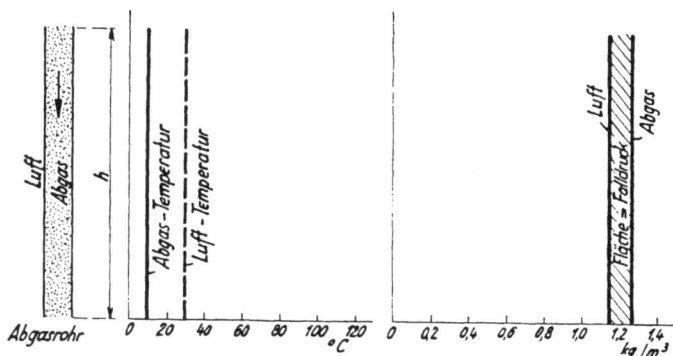

a) Temperatur-Schaubild   b) zugehöriges Raumgewichts-Schaubild

Abb. 13. Zusammenhang zwischen Abgastemperatur, Lufttemperatur und Falldruck bei gleichbleibender Abgastemperatur.

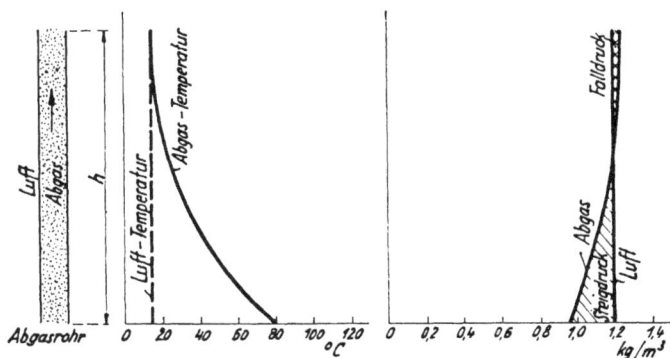

a) Temperatur-Schaubild   b) zugehöriges Raumgewichts-Schaubild

Abb. 14. Zusammenhang zwischen Abgastemperatur, Steig- und Falldruck bei veränderlicher Abgastemperatur.

vor, wenn sich die Abgase in einer langen Abgasleitung auf die Temperatur der Außenluft abkühlen. Die Abgase sind bei gleicher Temperatur spezifisch schwerer als die Luft. Trägt man die zu den Temperaturen in Abb. 14a gehörenden Raumgewichte kurven-

mäßig in das Diagramm Abb. 14b ein, so erkennt man, daß im
unteren Teil des Abgasrohres Steigdruck herrscht (einfach schraffierte Fläche), im oberen Teil aber Falldruck (kreuzweise schraffierte
Fläche).

Ist der Steigdruck größer als der Falldruck, was man ohne
weiteres aus dem Vergleich der Größe der beiden Flächen erkennen
kann —, so ist im Abgasrohr eine aufwärts gerichtete Strömung vorhanden; ist aber der Steigdruck gleich dem Falldruck (sind die
beiden Flächen also gleich groß), so ist die Abgassäule in Ruhe,
weil Steigdruck und Falldruck, in ihrer Wirkung gleich groß aber
entgegengesetzt gerichtet, sich gegenseitig aufheben bzw. die Waage
halten. Überwiegt aber der Falldruck, so muß sich eine nach abwärts gerichtete Strömung (ein Rückstrom) einstellen. — Als Treibdrücke bei Strömungen infolge Raumgewichtsunterschiede kommen
daher Steigdrücke und Falldrücke in Frage.

Aus der Form der zwischen der Raumgewichtsgeraden der Luft
und der Raumgewichtskurve der Abgase gelegenen Fläche (Abb. 11
bis 14) kann man erkennen, wieviel an Treibdruck an den verschiedenen Stellen im Rohr erzeugt wird; die gesamte Fläche stellt
den insgesamt erzeugten Treibdruck dar. Der Verbrauch des
Treibdrucks beim Ablauf des Strömungsvorgangs wird in Abhängigkeit von der Rohrlänge durch die andere Art der Schaubilder
(Abb. 9 oder 10) veranschaulicht.

Zwischen den Schaubildern, die die Erzeugung des Treibdrucks
in Abhängigkeit von der Rohrlänge darstellen, und den Schaubildern, die den Verbrauch des Treibdrucks in Abhängigkeit von
der Rohrlänge darstellen, besteht folgender Zusammenhang: Die
Form der Treibdruckfläche im Erzeugungsschaubild bestimmt stets
den Verlauf der Ruhedruckkurve oder Grenzkurve im Verbrauchsschaubild, und zwar stellen die Grenzkurven den Inhalt der Treibdruckfläche abhängig von der Rohrlänge dar, d. h. die Grenzkurven sind die Integrationskurven der Treibdruckfläche.

Ist z. B. der Temperaturverlauf der Abgase bei einer Feuerungsanlage von ihrer Entstehung im Brennstoffbett bis zur Schornsteinausmündung durch Messung bestimmt, so läßt sich danach
auch die Raumgewichtskurve der Abgase konstruieren und in
Verbindung mit der Raumgewichtsgeraden der Luft die Treibdruck-

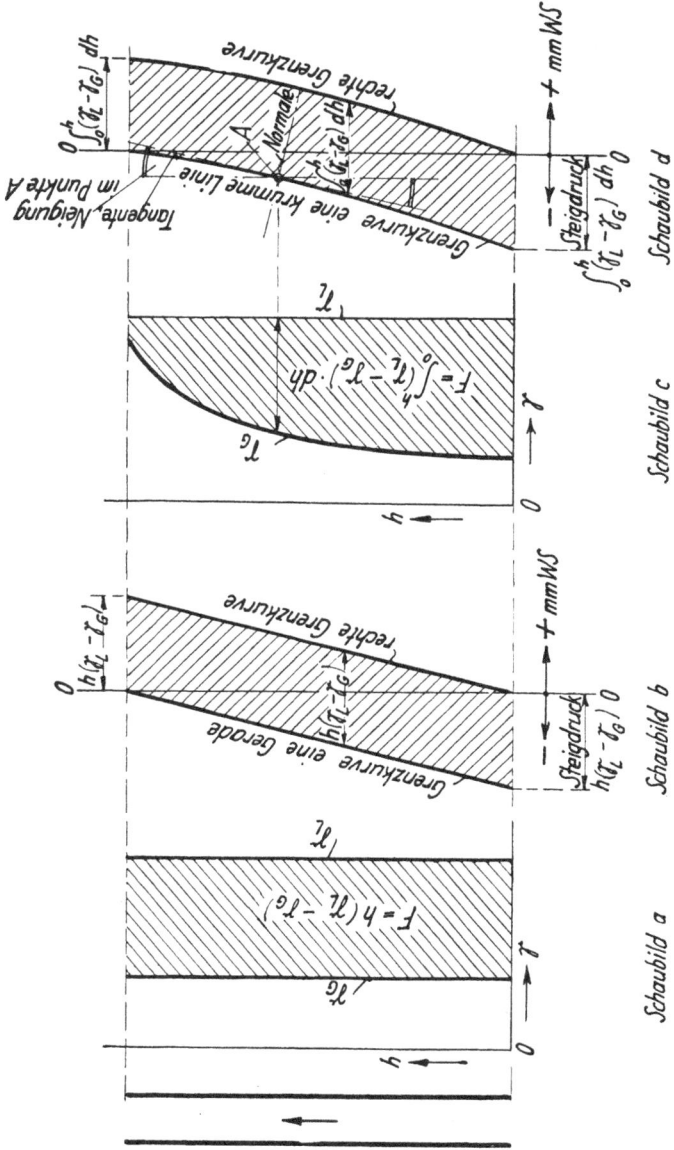

Abb. 15. Unterschied im Verlauf der Grenzkurven bei gleichbleibendem (Schaubild a) bzw. veränderlichem (Schaubild c) Raumgewicht der Abgase.

fläche festlegen. Durch zeichnerische Integration (s. Hütte, 26. Aufl.,
Bd. 1, S. 183) oder durch stückweises Planimetrieren dieser Fläche
bestimmt man in üblicher Weise den Verlauf der Grenzkurven im
Verbrauchsschaubild[1]).

Abb. 15 zeigt hierfür zwei Beispiele: 1. Beispiel (Schaubild a
und b): Schaubild a stellt die Treibdruckfläche (Steigdruckfläche)
für den einfachsten Fall dar, daß das Raumgewicht der Abgase im
Rohr konstant ist. Die Fläche ist ein Rechteck; die Integrationskurve des schraffierten Rechtecks ergibt eine Gerade. Die Grenz-

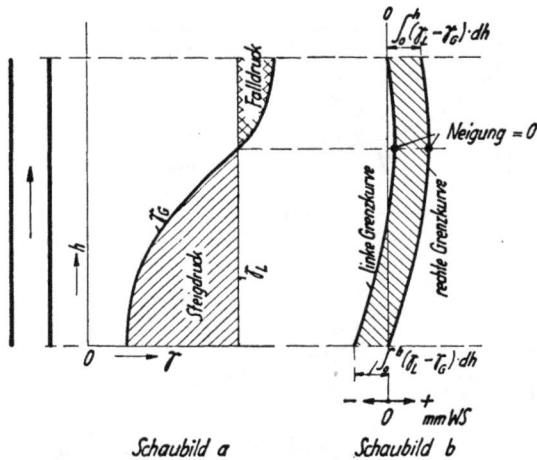

Abb. 16. Zusammenhang zwischen Steigdruck, Falldruck und
Verlauf der Grenzkurven.

kurve des zugehörigen Verbrauchsschaubildes (Schaubild b) ist daher
in diesem Sonderfall eine Gerade. 2. Beispiel (Schaubilder c und d):
Das Raumgewicht der Abgase wird größer mit zunehmender Entfernung vom unteren Rohrende (Schaubild c). Die Treibdruck-

---

[1]) Beim Planimetrieren der Treibdruckflächen ist der Maßstab des
Schaubildes zu berücksichtigen: Ist z. B. als Maßstab für das Raumgewicht 1 cm = 0,2 kg/m³, als Maßstab für die Höhe 1 cm = 1,5 m
gewählt, so stellt die Fläche von 1 cm² den Wert 0,2 kg/m³ · 1,5 m =
0,3 kg/m² bzw. mm WS dar. Dieser Wert multipliziert mit der Anzahl
der beim Planimetrieren der Fläche gefundenen cm², ergibt den Gesamttreibdruck in mm WS.

fläche ist daher eine unregelmäßig geformte Fläche; die Integrationskurve einer solchen Fläche ist eine krumme Linie, weshalb die Grenzkurven im zugehörigen Schaubild d krummlinig verlaufen. Der Tangens des Winkels, den die in irgendeinem Punkte der Grenzkurve gezogene Tangente mit der Null-Linie (Senkrechten) des Schaubildes bildet, ist jeweils $(\gamma_L - \gamma_G)$. Die in einem Punkt der Grenzkurve vorhandene Neigung gegenüber der Null-Linie (Senkrechten) ist also ein Maß für die Größe des an dieser Stelle des Rohres erzeugten Treibdrucks (Abb. 15c und d). Ist an einer Stelle des Rohres $\gamma_G = \gamma_L$, also $\gamma_L - \gamma_G = 0$, so verläuft an dieser Stelle die Grenzkurve parallel zur Null-Linie. Ist $\gamma_G > \gamma_L$, also $\gamma_L - \gamma_G$ negativ (Falldruck), so kehrt die Kurve um. Vgl. Abb. 16.

Ob nun die Grenzkurven gerade (Abb. 15b) oder krumme (Abb. 15d und 16b) Linien sind, stets wird in dem von den Grenzkurven begrenzten schraffierten Streifen der Druckverlauf des strömenden Gases nach gleichen Gesichtspunkten gefunden. Die Methode zur Ermittlung des Druckverlaufs ist immer die gleiche wie in Abb. 9 angegeben; hierbei wirken die Widerstände und Verengungen um so mehr auf Unterdruck hin, je näher sie am Anfang des Rohres liegen.

Die Abb. 17 bis 19 stellen Schulungsbeispiele für die Diagrammkonstruktion bei dem durch Raumgewichtsunterschied hervorgerufenen Strömungsvorgang dar für den Fall, daß das Rohr Knicke oder Bögen bzw. Querschnittsveränderungen aufweist. Der Einfachheit halber ist hierbei γ_G konstant über die Rohrlänge angenommen Außerdem ist der manometrische Druckverlauf aus den Diagrammen teilweise in die Anordnungsskizzen übertragen.

Ist der Querschnitt des Rohres über die Rohrlänge nicht konstant (Abb. 19), so treten Beschleunigungen oder Verzögerungen in der sich bewegenden Gassäule ein. Bei Beschleunigung vergrößert sich der dyn. Druck. Die Erhöhung des dyn. Drucks geht natürlich auf Kosten des Steigdrucks.

In Abb. 19a ist der Fall dargestellt, daß das Rohr sich nach der Ausmündung zu allmählich verjüngt, also eine Steigerung des dyn. Drucks nach oben zu eintritt. Der manometrische Druckverlauf wird in üblicher Weise dadurch ermittelt, daß von der rechten Grenzkurve nach links zunächst der in dem betreffenden Rohrquerschnitt vorhandene dyn. Druck und dann die Summe

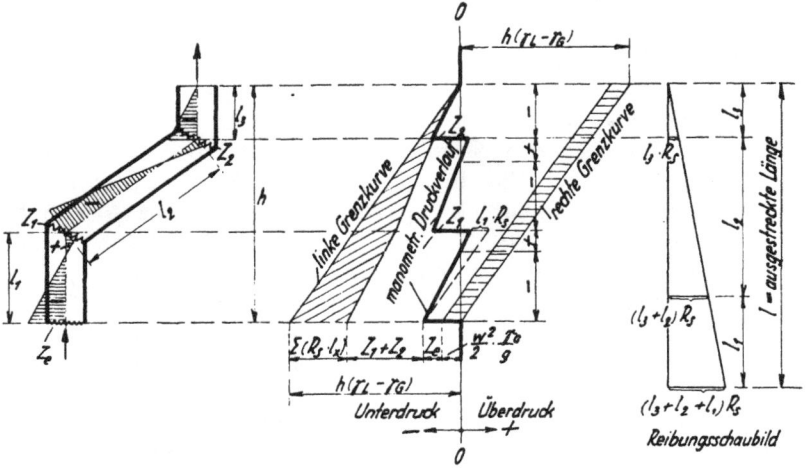

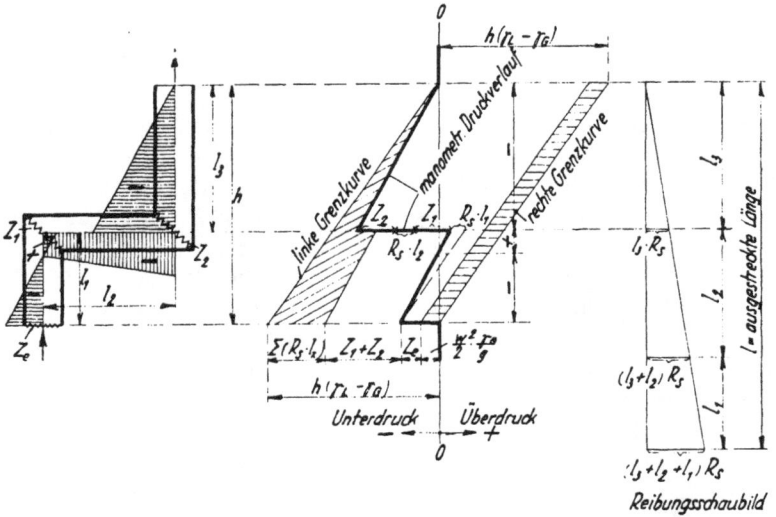

Abb. 17a und b. Schulungsbeispiele für die Konstruktion des Schaubildes.

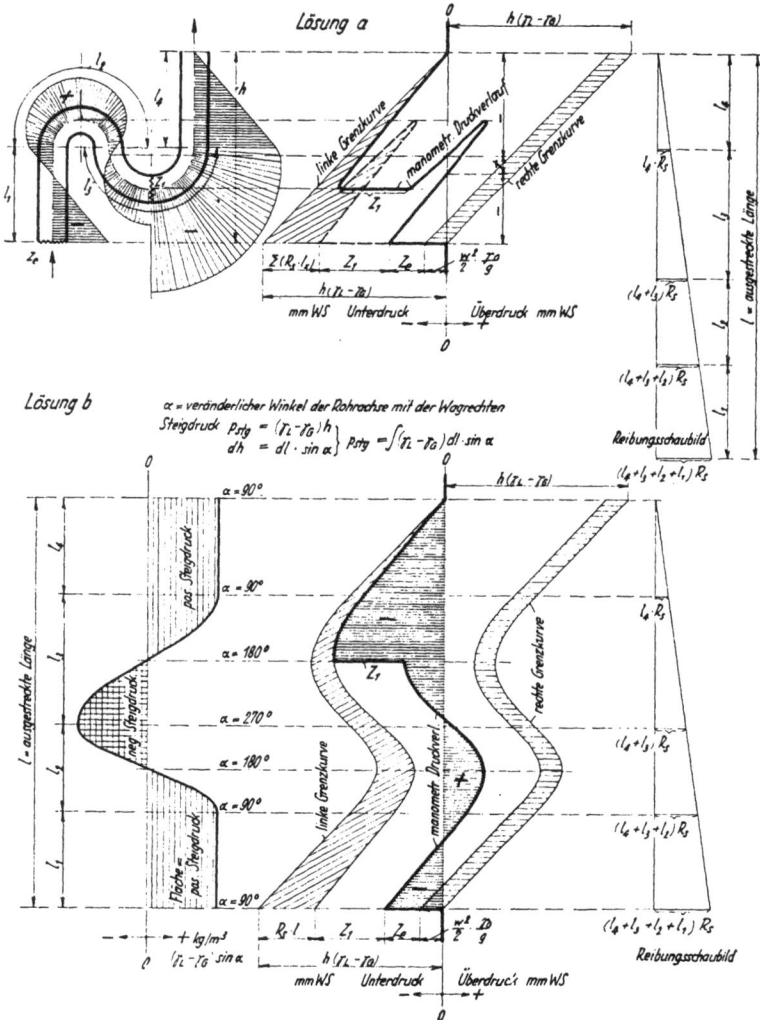

Abb. 18. Schulungsbeispiel für die Konstruktion der Schaubilder.

aller sonstigen Widerstände (Rohrreibung und Einzelwiderstände), die vom Rohranfang bis zu dem betreffenden Rohrquerschnitt vorhanden sind, abgetragen werden. Der so erhaltene, zwischen den Grenzkurven gelegene Punkt ist ein Punkt des manometrischen Druckverlaufs.

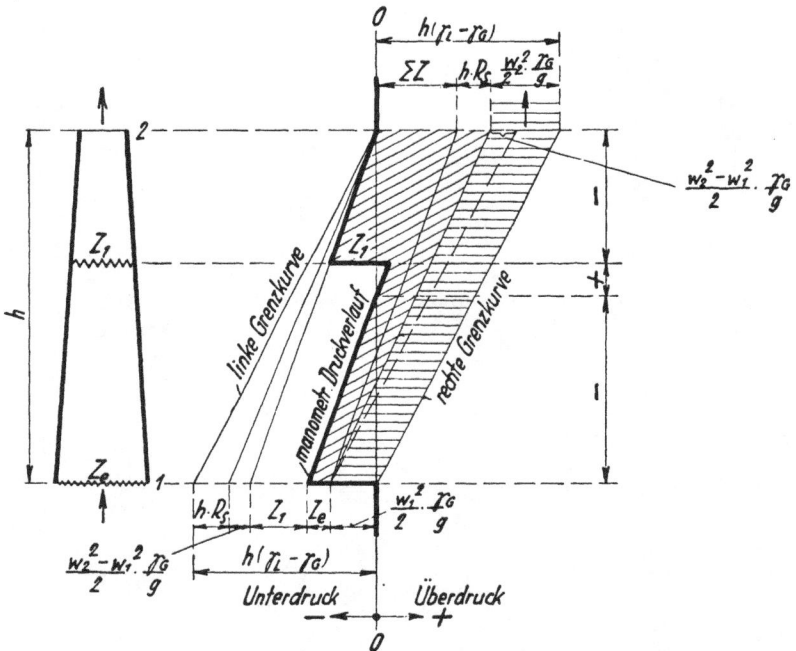

Abb. 19a. Schaubild für die Strömung im Rohr, das sich nach oben verjüngt. (Schraffierter Teil ist verbrauchter Steigdruck. — Z_e = Eintrittswiderstand.)

Etwas schwieriger sind die Verhältnisse, wenn der Rohrquerschnitt sich erweitert. Durch die Verlangsamung der Strömung wird der vorher größere dyn. Druck geringer, und es ist die Frage, wo der durch die Abnahme der kinetischen Energie frei werdende Energiebetrag bleibt und wie er in der Bilanz bezw. im Schaubild unterzubringen ist. Man hat hierbei zwei Grenzfälle zu unterscheiden:

1. Der durch die Abnahme des dyn. Drucks frei werdende Betrag

$$\Delta p_{\mathrm{dy}} = \frac{w_1{}^2 - w_2{}^2}{2} \cdot \frac{\gamma_a}{g} \ \mathrm{mm\ WS}$$

geht infolge Wirbelung oder dergl. ganz in Verlust bezw. wird in Wärme umgesetzt. Dieser Fall ist durch Schaubild a der Abb. 19b dargestellt. Die Ermittlung des manometrischen Druckverlaufs bietet in Hinsicht auf frühere Fälle nichts Besonderes und dürfte an Hand des Schaubildes a ohne weiteres verständlich sein.

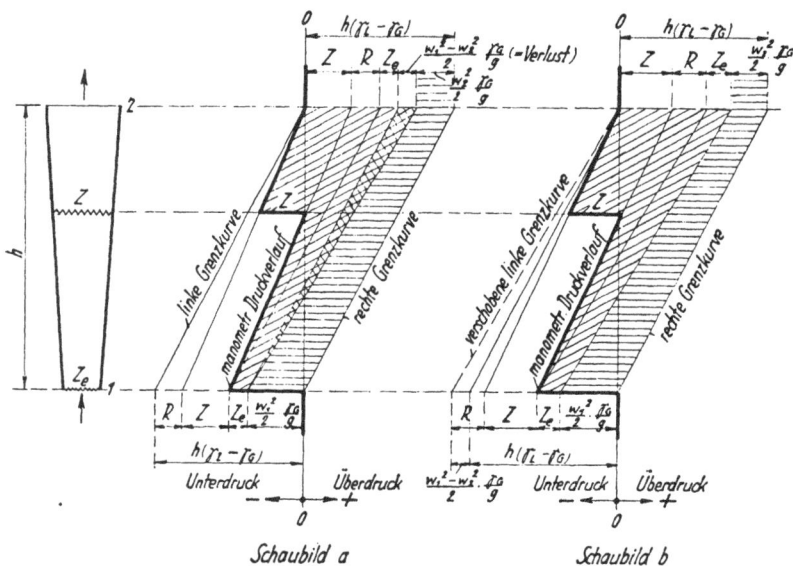

Abb. 19b. Schaubilder für die Strömung im Rohr, das sich nach oben erweitert. Annahme für Schaubild

    a: Unterschied im dynamischen Druck wird nicht wieder in statischen Druck rückverwandelt, sondern geht in Verlust (trifft praktisch meist zu).

    b: Unterschied im dynamischen Druck wird gänzlich wieder in statischen Druck rückverwandelt (hat nur theoretische Bedeutung).

2. Die durch die Abnahme der kinetischen Energie freiwerdende Energie geht nicht in Verlust, sondern wird restlos für den Strömungsvorgang wieder nutzbar gemacht. Das kann nur in der Weise geschehen, daß der Wert

$$\varDelta p_{\mathrm{dy}} = \frac{w_1{}^2 - w_2{}^2}{2} \cdot \frac{\gamma_G}{g}$$

sich in statischen Druck bezw. Steigdruck rückverwandelt und nun zur Überwindung von Strömungswiderständen nochmals Verwendung finden kann. Dieser Fall ist im Schaubild b (Abb. 19b) dargestellt. Im engeren Teil des Rohres (unten) ist von dem Steigdruck $h\,(\gamma_L - \gamma_G)$ ein größerer Betrag in dyn. Druck umgesetzt, im weiteren Teil des Rohres (oben) ist dieser Betrag kleiner geworden. Der Unterschied im dyn. Druck steht zur Überwindung von Widerständen wieder zur Verfügung.

Für Schaubild b gelten die Gleichungen:

$$h\,(\gamma_L - \gamma_G) = \frac{w_2{}^2}{2} \cdot \frac{\gamma_G}{g} + R + \Sigma Z \quad \text{(für den Austritt)}$$

oder

$$h\,(\gamma_L - \gamma_G) + \frac{w_1{}^2 - w_2{}^2}{2} \cdot \frac{\gamma_G}{g} = \frac{w_1{}^2}{2} \cdot \frac{\gamma_G}{g} + R + \Sigma Z \quad \text{(für den Eintritt)}.$$

Für Schaubild a gelten die Gleichungen:

$$h\,(\gamma_L - \gamma_G) = \frac{w_2{}^2}{2} \cdot \frac{\gamma_G}{g} + \frac{w_1{}^2 - w_2{}^2}{2} \cdot \frac{\gamma_G}{g} + R + \Sigma Z' \quad \text{(für den Austritt)}$$

oder

$$h\,(\gamma_L - \gamma_G) = \frac{w_1{}^2}{2} \cdot \frac{\gamma_G}{g} + R + \Sigma Z' \quad \text{(für den Eintritt)}.$$

Aus den Gleichungen ergibt sich:

$$\frac{w_1{}^2 - w_2{}^2}{2} \cdot \frac{\gamma_G}{g} = \Sigma Z - \Sigma Z'.$$

Das heißt: die Einzelwiderstände, die im Schaubild b überwunden werden, sind um den Betrag $\dfrac{w_1{}^2 - w_2{}^2}{2} \cdot \dfrac{\gamma_G}{g}$ mm WS größer als im Schaubild a.

Der manom. Druck an einer bestimmten Stelle des Rohres ergibt sich in der Weise, daß man von der rechten Grenzkurve nach links zunächst den an dieser Stelle vorhandenen dyn. Druck und dann die Summe der Widerstände abträgt, die vom Rohranfang bis zu der betreffenden Stelle im Rohr vorhanden sind. Der so erhaltene Punkt ist ein Punkt des manometrischen Druckverlaufs. Durch Überlegung findet man, daß beim Schaubild b der manometrische Druck im äußersten Fall sogar links von der normalen linken Grenzkurve liegen kann. Die linke Grenzkurve erscheint in diesem Ausnahmefall über die normale linke Grenzkurve nach links verschoben und zwar um den Betrag $\dfrac{w_1{}^2 - w_2{}^2}{2}$ $\times \dfrac{\gamma_G}{g}$ mm WS am unteren Rohrende, sodaß sie nicht mehr zur

rechten Grenzkurve parallel verläuft. — Gehen die Querschnittsveränderungen nicht wie in den Abb. 19 allmählich vor sich, sondern
plötzlich, so ändert sich am Aufbau der Schaubilder grundsätzlich nichts.

In praktischen Fällen hängt die Rückverwandlung von dyn.
Druck in stat. Druck bezw. Steigdruck sehr von der Art des
Übergangs vom kleineren zum größeren Rohrquerschnitt ab. Bei
allmählicher Rohrerweiterung ist der Anteil, der sich in statischen
Druck rückverwandelt, größer als bei plötzlicher Querschnitter-
weiterung. (Ähnliche Verhältnisse hat man ja auch l eim konischen
Saugrohr einer Wasserturbine oder bei einem Diffuser eines Kreisel-
gebläses.) Bezeichnet $\varDelta p_{dy}$ mm WS die Änderung des dyn. Drucks
und p mm WS den dabei rückgebildeten statischen Druck, so ist
der Wirkungsgrad für diesen Umsetzvorgang:

$$\eta = (p/\varDelta p_{dy}) \cdot 100\,\%.$$

η ist bei plötzlichen Querschnittsänderungen praktisch meist Null,
bei allmählichen Querschnittsänderungen etwa 2 bis 10 %. Bei
Abgasströmungen kann die Rückverwandlung von dyn. Druck in
statischen Druck allgemein meist vernachlässigt werden.

I D. Die gleichzeitig durch äußere Druckunterschiede und Raumgewichtsunterschiede hervorgerufene Strömung.

Besteht zwischen den Umgebungen eines senkrecht gelagerten
Rohres ein äußerer Druckunterschied und ist außerdem gleichzeitig
ein Raumgewichtsunterschied zwischen dem im Rohr befindlichen
Gas und der das Rohr umgebenden Luft vorhanden, so überlagern
sich beide Treibdrücke, und der aus beiden resultierende Gesamttreibdruck oder wirksame Treibdruck ist maßgebend für den
im Rohr stattfindenden Strömungsvorgang. Im Rohr kann unter
dem Einfluß der Treibdrücke eine aufwärts (= Aufströmung) oder
abwärts (= Rückströmung) gerichtete Strömung oder auch ein
Ruhezustand eintreten.

Äußere Druckunterschiede, die auch als äußere Treibdrücke
bezeichnet werden können, können so beschaffen sein, daß durch ihr
Vorhandensein entweder eine Aufströmung im Rohr entsteht —
dann ist nach Abb. 2 p_1 größer als p_2 und $\varDelta p = p_1 - p_2$ positiv,

wir haben einen positiven bzw. aufstromfördernden Treibdruck $+ \Delta p$ mm WS — oder aber daß eine Rückströmung entsteht; dann ist p_2 größer als p_1 und $\Delta p = p_1 - p_2$ negativ, wir haben einen negativen bzw. aufstromhemmenden Treibdruck $- \Delta p$.

In gleicher Weise kann infolge der aus Raumgewichtsunterschieden entstehenden Treibdrücke (Steig- oder Falldrücke) im Rohr eine Aufströmung eintreten — dann ist γ_L größer als γ_G, es entsteht im Rohr ein Steigdruck — oder auch eine Rückströmung; dann ist γ_G größer als γ_L; im Rohr entsteht ein Falldruck.

Wirken in einem Rohr Treibdrücke infolge Raumgewichtsunterschiede zwischen Rauchgas und Umgebungsluft, und wirken auf dasselbe Rohr gleichzeitig äußere Treibdrücke, so ist für die Richtung der Strömung im Rohr der aus den Einzeltreibdrücken resultierende Gesamttreibdruck (= wirksamer Treibdruck) maßgebend. Die entstehende Strömungsgeschwindigkeit hängt ab von der augenblicklichen Größe des wirksamen Treibdrucks und von den im Rohr vorhandenen Strömungswiderständen, außerdem hängt die in der Zeiteinheit beförderte Abgasmenge vom freien Querschnitt des betreffenden Rohres ab.

Abb. 20 zeigt, wie aus der Überlagerung der verschiedenen Einzeltreibdrücke der wirksame Treibdruck entsteht. In einem Koordinatenkreuz sind aufgetragen auf der Ordinate die Treibdrücke infolge Raumgewichtsunterschiede (oberhalb des Nullpunktes der Steigdruck, unterhalb der Falldruck), auf der Abszisse die Treibdrücke infolge äußerer Druckunterschiede (rechts vom Nullpunkt der aufstromfördernde, links der aufstromhemmende äußere Treibdruck). Sämtliche denkbaren Fälle für das Zusammenwirken der verschiedenen Einzeltreibdrücke sind im Schaubild enthalten:

Zusammenwirken von Steigdruck und aufstromförderndem Treibdruck im oberen rechten Quadranten,

Zusammenwirken von Steigdruck und aufstromhemmendem Treibdruck im oberen linken Quadranten,

Zusammenwirken von Falldruck und aufstromhemmendem Treibdruck im unteren linken Quadranten

Zusammenwirken von Falldruck und aufstromförderndem Treibdruck im unteren rechten Quadranten.

wirksamer Treibdruck (aufstromerzeugend) mmWS

+2,0 +1,8 +1,6 +1,4 +1,2 +1,0 +0,8 +0,6 +0,4 +0,2 0

1,4 mm WS

Aufströmung

Ruhezustand

0,2 mm WS

Rückströmung

wirksamer Treibdruck (rückstromerzeugend) mmWS

0 -0,2 -0,4 -0,6 -0,8 -1,0 -1,2 -1,4 -1,6 -1,8 -2,0

Treibdrücke

aufstromfördernder Treibdruck +Δp

Fehldruck -pf

aufstromhemmender Treibdruck -Δp

Raumgewichtsunterschiede

mmWS -1,0 -0,8 -0,6 -0,4 -0,2 0 +0,2 +0,4 +0,6 +0,8 +1,0 mmWS

Steigdruck +pstg

äußere

A

B

Treibdrücke infolge

Ruhezustand

Ruhezustand

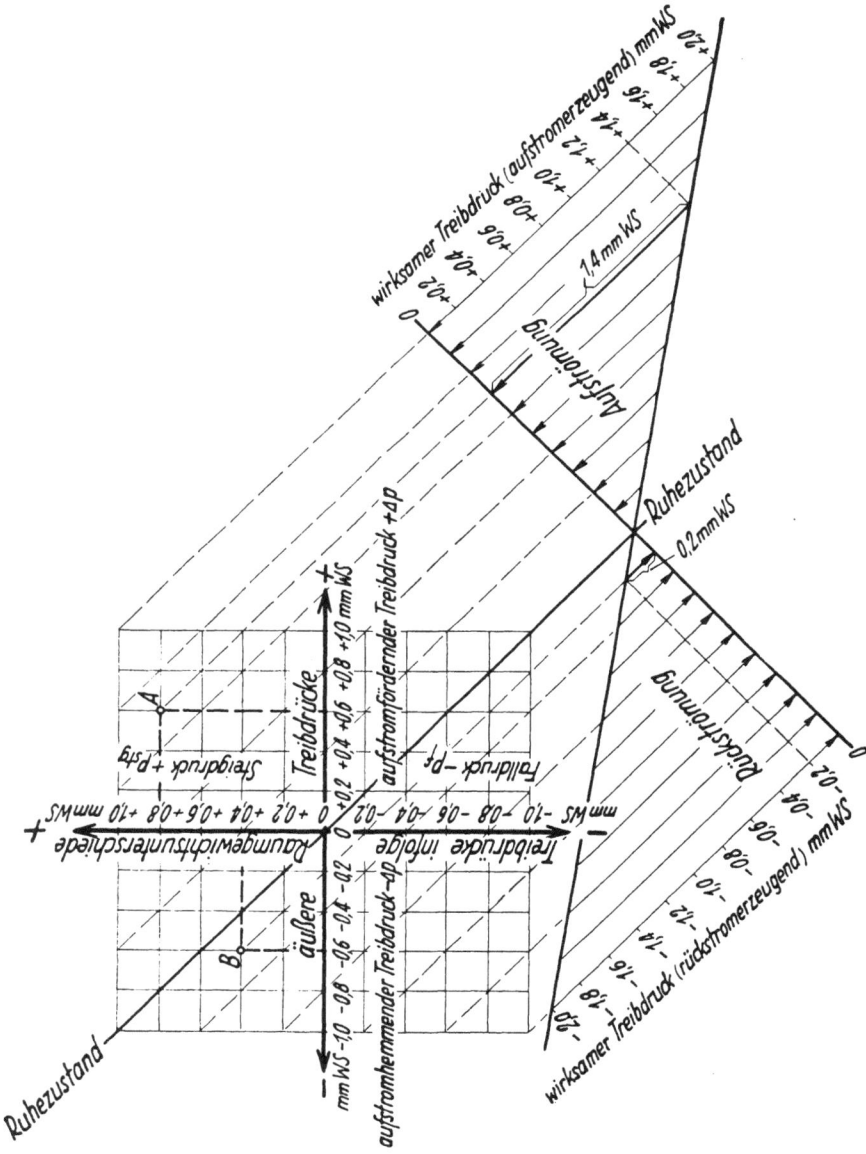

Abb. 20. Ermittlung des wirksamen (resultierenden) Treibdrucks aus verschiedenen, gleichzeitig wirkenden Einzeltreibdrücken.

Der aus den verschiedenartigen und verschieden großen Einzeltreibdrücken jeweils resultierende »wirksame Treibdruck« p_{wirk} ist nach Größe und Richtung im Nebenschaubild halb rechts unten dargestellt. Der wirksame Treibdruck kann je nach der Richtung, in der er wirkt, entweder eine Aufströmung oder eine Rückströmung im Rohr erzeugen. Ist er Null, so ist Ruhezustand im Rohr. Man hat von dem in einem Quadranten gefundenen Punkt unter einem Winkel von 45° nach rechts unten parallel zu den gestrichelten Linien zu gehen und liest im Nebenschaubild Größe und Richtung des wirksamen Treibdrucks ab. Wirkt z. B. in einer Abgasleitung ein Steigdruck von 0,8 mm WS und besteht zwischen Ein- und Ausmündung derselben Abgasleitung gleichzeitig ein aufstromfördernder Treibdruck von 0,6 mm WS, so findet man im oberen rechten Quadranten den Punkt A (vgl. Abb. 20). Geht man vom Punkt A parallel zu den gestrichelten Geraden in das rechts unten gelegene Nebenschaubild, so findet man als Ergebnis, daß unter den genannten Bedingungen eine Aufströmung im Rohr stattfindet und daß der wirksame Treibdruck für diesen Strömungsvorgang (0,8 + 0,6 =) 1,4 mm WS beträgt. Bei beliebiger Kombination von äußeren Treibdrücken und Treibdrücken infolge Raumgewichtsunterschiede kann man den aus den verschiedenen Einzeltreibdrücken jeweils resultierenden wirksamen Treibdruck nach Größe und Richtung mit Hilfe der Abb. 20 leicht überblicken.

Es ist jetzt die weitere Frage zu beantworten, in welcher Weise sich der m a n o m e t r i s c h e D r u c k v e r l a u f bei einem Strömungsvorgang gestaltet, dessen Ursache Treibdrücke infolge Raumgewichtsunterschiede u n d gleichzeitig äußere Treibdrücke sind. Die oben ins Freie ausmündende Abgasleitung sei entsprechend der Skizze der Abb. 21 aus einem Raum fortgeführt, der unter einem Überdruck oder einem Unterdruck von p_1 mm WS stehe gegenüber der umgebenden Luft (= Nulldruck oder Bezugsdruck); in der Abgasleitung wirke gleichzeitig außerdem ein Steigdruck von h $(\gamma_L - \gamma_G)$ mm WS.

Ist im Raum ein Überdruck p_1 mm WS, so addieren sich die Wirkungen des Überdrucks (= aufstromfördernden Treibdrucks) und des Steigdrucks; dieser Fall ist im Schaubild a der Abb. 21 dargestellt. Es kommt darauf an, zunächst die Grenzkurven zu finden. Der Verlauf des manometrischen Druckes bei strömendem Gas, ab-

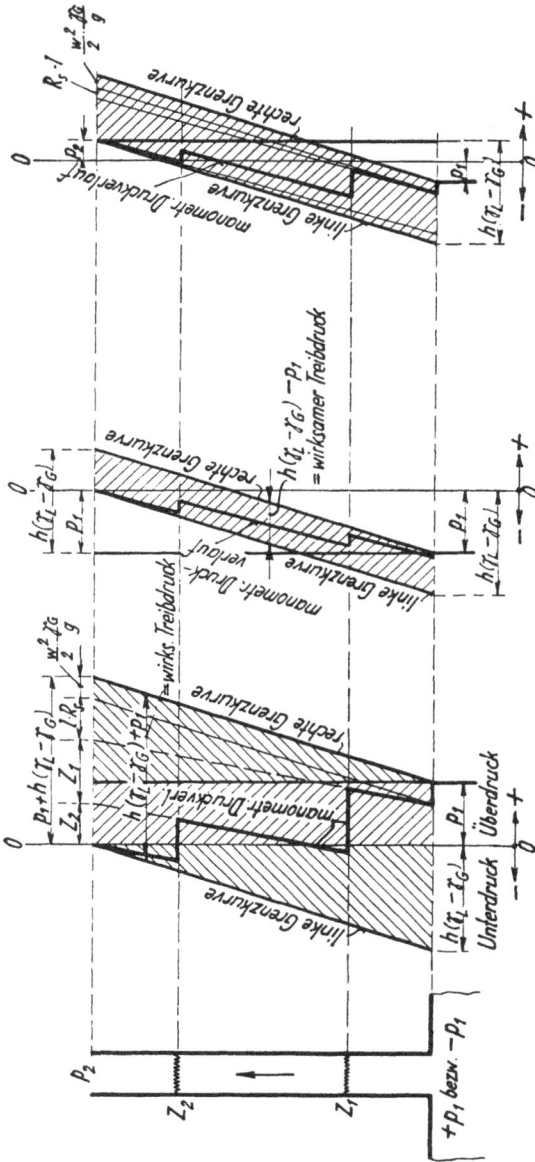

Abb. 21. Manometrischer Druckverlauf, wenn Steigdruck und äußerer Treibdruck gleichzeitig in einer Abgasleitung wirksam sind.

hängig von der Rohrlänge, liegt dann zwischen den Grenzkurven und wird in gleicher Weise gefunden, wie schon früher öfter dargelegt ist. Über den Verlauf der Grenzkurven verschafft man sich die beste Klarheit, wenn man sich den Druckverlauf im Rohr vorstellt, wenn das Rohr bei den gegebenen Verhältnissen einmal oben abgedeckt ist — dann ergibt sich die rechte Grenzkurve — oder unten abgedeckt ist — dann ergibt sich die linke Grenzkurve. Bei oberer Abdeckung des Rohres herrscht unter der Abdeckung der Überdruck p_1 mm WS und außerdem der durch den Steigdruck hervorgerufene Überdruck $h\,(\gamma_L - \gamma_G)$ mm WS, in der unteren Rohröffnung ist aber nur der Überdruck p_1 vorhanden. Bei unterer Abdeckung des Rohres würde unmittelbar über der Abdeckung im Rohr ein Unterdruck von $h\,(\gamma_L - \gamma_G)$ mm WS, in der oberen Rohrmündung aber ein Druck $\pm\,0$ mm WS herrschen.

Für die zeichnerische Ermittlung der Grenzkurven kann man sich folgende allgemeine Regel merken: Die linke Grenzkurve beginnt stets oben in dem Punkt, der dem Druck in der Umgebung der Ausmündung entspricht (im Regelfall ist dieser Druck Null und der Punkt liegt dann auf der Null-Linie) und endet unten in einer Entfernung $h\,(\gamma_L - \gamma_G)$ mm WS von der Geraden, die durch obigen Punkt parallel zur Null-Linie gezogen wird. Die rechte Grenzkurve beginnt analog unten in dem Punkt, der dem Druck in der Umgebung der Einmündung entspricht (im Regelfall ist dieser Druck Null, und der Punkt liegt dann auf der Null-Linie) und verläuft dann stets im gleichen Abstand — auf der Waagerechten gemessen — von der linken Grenzkurve.

Die Ermittlung des manometrischen Druckverlaufs innerhalb der gefundenen Grenzkurven dürfte aus Schaubild a Abb. 21 ohne weiteres verständlich sein.

Schaubild b Abb. 21 stellt die Verhältnisse dar, wenn statt des Überdruckes p_1 ein Unterdruck im Raum herrscht. Dabei ist angenommen, daß der Steigdruck der gleiche ist wie im Schaubild a und der Unterdruck in der Umgebung der Einmündung zahlenmäßig den gleichen Wert hat wie der Überdruck im Schaubild a. Über die Lage und Ermittlung der Grenzkurven braucht nach dem Vorhergegangenen kaum noch etwas gesagt zu werden. Würde der Unterdruck p_1 (= aufstromhemmender Treibdruck) gleich groß sein wie der Steigdruck, so fiele die rechte Grenzkurve mit der linken Grenzkurve zusammen, d. h. die Fläche des wirksamen Treibdrucks wäre Null, die Geschwindigkeit im Abgasrohr wäre ebenfalls Null, und die Kurve des manometrischen Druckverlaufs würde sich mit den zusammengefallenen Grenzkurven decken. Schaubild c stellt noch den Fall dar, daß unten ein Unterdruck p_1, oben ein Überdruck p_2 ist und im Rohr der Steigdruck h $(\gamma_L - \gamma_G)$ wirkt.

I E. Die durch Zufuhr kinetischer Energie hervorgerufene Strömung.

In dem Rohr der Abb. 22 befinde sich Luft vom Zustand der Umgebungsluft; Raumgewichtsunterschiede seien nicht vorhanden. Will man eine Strömung im Rohr erzeugen, so kann man z. B. Preßluft oder auch Dampf mit höherer Spannung aus einer Düse in Richtung der Rohrachse ausströmen lassen. Die Strömungs- oder kinetische Energie der Preßluft oder des Dampfes wird durch Stoßwirkung auf die im Rohr fortzubewegende Luft übertragen und dadurch ein Strömungsvorgang eingeleitet und unterhalten (Arbeitsweise des Ejektors oder einer Strahlpumpe).

Ist V_1 m³ das Volumen der Preßluft und p_1 kg/m² ihr Überdruck gegenüber dem Atmosphärendruck, so beträgt ihr Energieinhalt $V_1 \cdot p_1$ mkg, die dem Rohr zugeführt

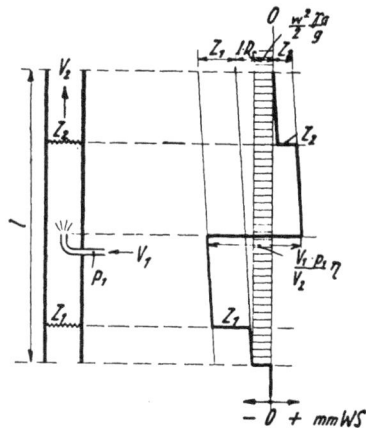

Abb. 22. Druckverhältnisse bei einem durch Zufuhr kinetischer Energie verursachten Strömungsvorgang.

wird. Wird dadurch im Rohr eine Luftmenge V_2 m³ in Bewegung gesetzt und werden zugleich die Widerstände im Rohr überwunden, so beträgt die geleistete Arbeit $V_2 \cdot \left(\dfrac{w^2}{2} \cdot \dfrac{\gamma}{g} + l \cdot R_s + \Sigma Z \right)$ mkg. Bei verlustlosem Betrieb müßte die zugeführte Energie gleich der geleisteten Arbeit sein. Für die Praxis ergibt sich unter Berücksichtigung des Wirkungsgrades η folgende Gleichung:

$$\frac{V_1 \cdot p_1}{V_2} \cdot \eta = \frac{w^2}{2} \cdot \frac{\gamma}{g} + l \cdot R_s + \Sigma Z \text{ kg/m}^2 \text{ oder mm WS.}$$

Der Wert $\dfrac{V_1 \cdot p_1}{V_2} \cdot \eta$ stellt hier — in analoger Weise wie bei den früher behandelten Strömungsvorgängen — den Treibdruck für die Strömung dar.

Der allmähliche Verbrauch an Treibdruck über die ganze Rohrlänge und der sich dabei ergebende manometrische Druckverlauf im Rohr wird durch das Schaubild Abb. 22 veranschaulicht. In der unteren Rohröffnung tritt zunächst ein dem dynamischen Druck gleichwertiger Druckabfall ein. Der Unterdruck nimmt infolge der Rohrreibung auf der Rohrstrecke bis zum Einzelwiderstand Z_1 allmählich zu, erleidet bei Z_1 eine plötzliche Zunahme um Z_1 und nimmt infolge Rohrreibung auf der Strecke bis zur Düse noch etwas zu. An der Stelle der Energiezufuhr, also in der Nähe der Düse tritt eine plötzliche Richtungsänderung des Druckverlaufs in das Überdruckgebiet ein; die Druckzunahme beträgt $\dfrac{V_1 \cdot p_1}{V_2} \cdot \eta$ mm WS. Der von jetzt ab im Überdruckgebiet verlaufende manometrische Druck nimmt infolge Rohrreibung auf der Rohrstrecke bis zum Einzelwiderstand Z_2 etwas ab, erleidet bei Z_2 eine plötzliche Abnahme um Z_2 und erreicht im Rohraustritt den manometrischen Druck Null.

Der manometrische Druck p_y mm WS im Querschnitt $x - x$ des Rohres, der um l_x m vom unteren Rohrende entfernt ist, beträgt

$$p_y = -\left(\frac{w^2}{2} \cdot \frac{\gamma}{g} + l_x \cdot R_s + \sum_0^{l_x} Z\right) + \frac{V_1 \cdot p_1}{V_2} \cdot \eta \text{ mm WS.}$$

Hierbei ist jedoch zu beachten, daß der Wert $\dfrac{V_1 \cdot p_1}{V_2} \cdot \eta$ nur dann in der Gleichung berücksichtigt werden darf, wenn er auf der Strecke l_x auch tatsächlich vorkommt. Liegt er außerhalb dieser Strecke, so ist er bei der Berechnung von p_y als nicht vorhanden, also als Null anzusehen; letzteres trifft zu für alle Stellen des Rohres, die zwischen dem unteren Rohrende und der Düse liegen.

Im Schaubild Abb. 22 ist der Verlauf des manometrischen Druckes in der Nähe der Düse so gezeichnet, wie er im Idealfall aussehen würde. In praktischen Fällen tritt eine Verzerrung an dieser Stelle ein.

Der gleiche Strömungsvorgang liegt auch vor, wenn man sich an Stelle eines Ejektors (Strahlpumpe) als Mittel zur Erzeugung der

Strömung einen Ventilator denkt. Als Treibdruck für die Strömung ist in diesem Fall der vom Ventilator erzeugte Gesamtdruck (Unterschied der statischen Drücke zwischen Ein- und Ausgang $+$ dynamischer Druck) anzusehen.

In der Praxis tritt oft zu dem durch Ejektor oder Ventilator erzeugten Treibdruck noch der durch Raumgewichtsunterschiede hervorgerufene Treibdruck (Steig- bzw. Falldruck) hinzu; beide gleichzeitig im Rohr wirksamen Einzeltreibdrücke überlagern sich dann in ähnlicher Weise, wie im Abschnitt I D dargelegt ist. Auch den manometrischen Druckverlauf im Rohr findet man bei solchen Verhältnissen durch sinngemäße Anwendung der dort besprochenen Methoden.

II. Teil.

Die Eigenarten der Strömungsvorgänge bei den verschiedenen Feuerungsanlagen.

II A. Allgemeine Fälle.

Im ersten Teil wurden die Grundlagen der Strömungsvorgänge an einfachen Beispielen klargelegt. Im zweiten Teil werden die besonders gearteten Verhältnisse in der Praxis mit in die Betrachtung hineingezogen. Die Verhältnisse in der Praxis sind je nach Art der Feuerstätte sehr verschieden, sie sind meist viel komplizierter als die im ersten Teil besprochenen Fälle. Es kommen nämlich als Erschwerungen in der Praxis folgende Umstände hinzu:

1. Die Verschiedenartigkeit der Strömungswiderstände und die große Veränderlichkeit des Raumgewichtes der Verbrennungserzeugnisse in der ganzen Feuerungsanlage einschließlich Schornstein.

2. In der ganzen Anlage (Feuerstätte + Abgasleitung) gibt es oft senkrecht gelagerte Strecken, auf denen $\gamma_L - \gamma_G = 0$ ist, auf denen also kein Steigdruck erzeugt wird, auf denen aber der Strömungsvorgang durch den an anderen Stellen der Anlage erzeugten Steigdruck unterhalten wird; z. B. die Bewegung der nicht vorgewärmten Verbrennungsluft in stehenden Kohlenöfen von außen durch die Aschenfalltür bis zum Rost; erst im Brennstoffbett bzw. oberhalb davon setzt der Steigdruck ein.

3. Ferner gibt es in der Anlage (Feuerstätte + Abgasleitung) oft waagerecht gelagerte Strecken, auf denen zwar $\gamma_G < \gamma_L$ ist, auf denen aber kein Steigdruck erzeugt werden kann, weil der Wert von h Null ist. Auch auf diesen »Strecken ohne Steigdruck« wird der Strömungsvorgang durch den in anderen Teilen der Anlage erzeugten Steigdruck unterhalten; z. B. waagerechte Rohrstrecken in der Abgasleitung oder das waagerecht liegende Flammrohr bei Dampfkesseln.

4. Außerdem gibt es in der ganzen Anlage (Feuerstätte + Abgasleitung) oft senkrecht oder geneigt gelagerte Strecken, in denen
die warmen Abgase a b w ä r t s strömen müssen. In diesen
»fallenden Zügen« wird ein negativer Steigdruck $- p_{stg}$ erzeugt,
der von dem an anderen Stellen der Anlage erzeugten positiven
Steigdruck $+ p_{stg}$ kompensiert werden muß. Wenn man sich
weiter vor Augen hält, daß sich den in einer Anlage wirkenden
Steigdrücken andere Treibdrücke, die durch äußere Druckunterschiede hervorgerufen werden, überlagern können, so wird
der Wert der üblichen Messung der »Zugstärke« i m m e r f r a g -
l i c h e r , weil man aus dem an einer Stelle gemessenen Druck
der Gase gegenüber dem Umgebungsdruck keinen Anhalts-
punkt für den Strömungsvorgang in der Anlage gewinnen kann.

Bevor die Eigenart der Strömungsvorgänge bei den verschiedenen
Feuerstätten erläutert wird, werden vorerst noch einige M u s t e r -
b e i s p i e l e vorausgeschickt, bei denen die genannten erschwerenden
Umstände der Praxis Berücksichtigung gefunden haben.

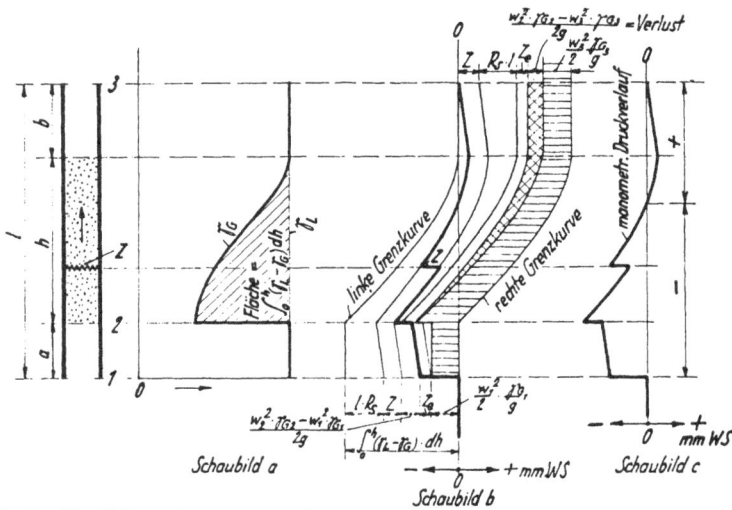

Abb. 23. Ermittlung des manometrischen Druckverlaufs, wenn der Steigdruck nicht
gleich am unteren Rohrende einsetzt (schematisch).

Die Skizze in Abb. 23 zeigt ein senkrechtes Rohr von der Länge l,
bei dem erst in einer Entfernung a vom unteren Rohrende die Steig-

kraft einsetzt, die auf der ganzen Strecke h in verschiedener Stärke wirkt, und auf der anschließenden Strecke b wieder Null ist. Der auf der Strecke h erzeugte Steigdruck muß daher auch den Strömungsvorgang auf den »steigdrucklosen« Strecken a und b aufrechterhalten und die dort gelegenen Widerstände überwinden. Was für Verhältnisse ergeben sich dabei im Rohr? Schaubild a zeigt den angenommenen Verlauf des Raumgewichtes der Gase im Rohr: Auf der Strecke a ist $\gamma_G = \gamma_L$; dann wird γ_G plötzlich geringer (man mag sich an der Stelle, wo a und h zusammenstoßen, einen Gasbrenner im Rohr vorstellen, der an dieser Stelle die Luft im Rohr stark erwärmt); infolge Wärmeverluste durch die Rohrwand wird γ_G in größeren Höhen größer und erreicht am oberen Ende der Rohrstrecke h den Wert γ_L; auf der anschließenden Rohrstrecke b ist $\gamma_G = \gamma_L$. Die schraffierte Fläche im Schaubild a stellt den im Rohr wirksamen Steigdruck

$$p_{\text{stg}} = \int_0^h (\gamma_L - \gamma_G) \cdot dh \ \text{mm WS}$$

dar.

Schaubild b zeigt den Verlauf der Grenzkurven und den Ablauf des Strömungsvorganges innerhalb der beiden Grenzkurven[1]. Im Schaubild c ist der manometrische Druckverlauf nochmal besonders herausgezeichnet. Sehr wichtig ist, daß man im Schaubild b den grundsätzlich gleichen Aufbau des Schaubildes wiedererkennt, wie er z. B. bei dem Schaubild Abb. 9 vorliegt, und sich über die Ursachen im klaren ist, warum der manometrische Druckverlauf im Rohr unter den angenommenen Verhältnissen so, wie gezeichnet, und nicht anders verlaufen muß. Andererseits muß man sich auch klar machen, was man aus einer eventuell vorgenommenen Druckmessung im Rohr für Schlüsse ziehen könnte für den Strömungsvorgang im Rohr. Würde man nichts Näheres über einen Strömungsvorgang

---

[1]) In Abb. 23 b sind auch die Veränderungen im dynamischen Druck berücksichtigt. Da in praktischen Fällen der dynamische Druck meist nur einige Prozent vom Gesamtsteigdruck ausmacht, also sein absoluter Betrag gering ist, kann die Änderung des dynamischen Drucks, die in Rohren konstanten Querschnitts durch Volumenänderung infolge Temperaturveränderungen eintritt, meistens vernachlässigt werden. Werden die Beträge für die Änderung des dynamischen Drucks gelegentlich groß, so kann diese Änderung nach den Methoden der Abb. 23 und 19 a und 19 b im Schaubild leicht berücksichtigt werden. In den folgenden Abbildungen ist die Änderung vernachlässigt.

im Rohr wissen und nun zur Erforschung dieses Strömungsvorgangs Druckmessungen am Rohr vornehmen, so ist anzunehmen, daß — selbst wenn jemand den ganzen manometrischen Druckverlauf im Rohr aufnehmen würde — er aus seinem gefundenen Meßergebnis, das eben das Schaubild c ist, nicht klug würde, jedenfalls auf Grund seiner Druckmessungen nicht viel über den Strömungsvorgang aussagen könnte. Er müßte deshalb neben Druckmessungen auch Temperaturmessungen vornehmen, um auf dem Wege über das Schaubild a die wichtigste Grundlage für die Erkenntnis der Zusammenhänge, nämlich das Schaubild b zu bekommen.

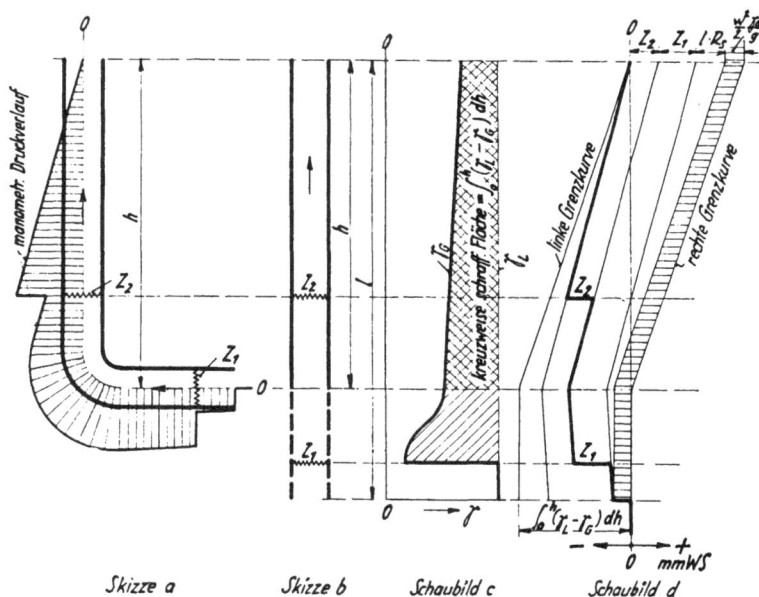

Abb. 24. Druckverhältnisse bei einem Rohr mit teilweise waagerecht liegender Achse (schematisch).

Die Skizze a in Abb. 24 stellt ein waagerechtes Rohrstück (»Flammrohr eines Kessels«) mit einem anschließenden senkrechten Rohrstück (»Schornstein«) dar. Man stelle sich unter Z_1 die glühende Brennstoffschicht und unter Z_2 irgendeinen Widerstand (z. B. einen teilweise geschlossenen Rauchschieber) vor. Die Verbrennungsluft tritt in die untere Rohröffnung ein, bei Z_1 (Brennstoffschicht) werden heiße Verbrennungsprodukte erzeugt, deren Temperatur nach der oberen Rohrmündung zu allmählich abnimmt. In Skizze b ist dasselbe Rohr zwecks übersichtlicher Darstellung in eine Gerade ausgestreckt, wobei das waagerechte Rohrstück in Skizze a hier gestrichelt gezeichnet ist. In dem gestrichelt gezeichneten Rohrstück wird kein Steigdruck erzeugt, weil dieser Teil der Anlage in Wirklichkeit waagerecht liegt. In Abhängigkeit von der Rohrlänge l ist im Schaubild c der Verlauf des Raumgewichtes im Rohr dargestellt. Im Rohrstück von der Eintrittsöffnung bis Z_1 befindet sich Verbrennungsluft (γ_L), in Z_1 bilden sich heiße Verbrennungserzeugnisse, γ_G wird hier plötzlich geringer als γ_L und nehme dann nach der angenommenen Kurve bis zur Ausmündung wieder zu (Gase kühlen sich ab). Als wirksamer Steigdruck kommt nur die kreuzweise schraffierte Fläche von der Größe $\int_0^h (\gamma_L - \gamma_G)\, dh$ mm WS in Frage, weil nur auf der senkrechten Strecke h ein Steigdruck erzeugt werden kann; der waagerechte (gestrichelte) Teil des Rohres scheidet hierfür aus, obwohl auch er spezifisch leichtere Verbrennungserzeugnisse führt. Der auf der Strecke h erzeugte Steigdruck hat daher auch den Strömungsvorgang im waagerechten Teil zu unterhalten und die hier gelegenen Widerstände mit zu überwinden. Die Grenzkurven im Schaubild d ergeben sich nach früherem von selbst, und auch der Ablauf des Strömungsvorgangs, insbesondere der manometrische Druckverlauf innerhalb der beiden Grenzkurven, wird ohne weiteres verständlich sein.

Der im Schaubild d gefundene manometrische Druckverlauf im ausgestreckten Rohr ist in die Anordnungsskizze a zurückübertragen, wobei der jeweilige Abstand von der Mittellinie des gebogenen Rohres als Maß für den Unterdruck der Gase gegenüber dem Umgebungsdruck anzusehen ist. Wir können folgendes feststellen: In der Eingangsöffnung des Rohres tritt ein dem dynamischen Druck gleichwertiger Unterdruck ein, der sich bis Z_1 infolge Rohrreibung noch etwas vergrößert, bei Z_1 tritt eine plötzliche Vergrößerung des Unterdruckes um Z_1 ein, die sich bis zum Anfang der Rohrkrümmung infolge Reibung noch etwas vergrößert, von da ab tritt wegen Einsetzen des Steigdrucks eine Abnahme des Unterdrucks bis Z_2 ein, wo nochmals eine plötzliche Zunahme um Z_2 stattfindet; der Unterdruck erreicht dann in der Ausmündung den Wert Null.

Die Skizze Abb. 25 stellt einen Kohlenherd (Hotelherd) mit unterem Rauchabzug dar: Die Verbrennungsluft tritt bei a durch die Aschenfalltür in den Herd, durchsetzt die Brennstoffschicht Z_1, die Verbrennungsgase gelangen auf dem Wege $b \rightarrow c$ in den nach abwärts führenden Kanal (»fallenden Zug«) $c \rightarrow d$, in dem ein Einzelwiderstand Z_2 (z. B. teilweise geschlossener Rauchgasschieber) liegen möge, und von dort durch den Fuchs $d \rightarrow e$ in den Schornstein $e \rightarrow f$. Im Schaubild a Abb. 25 ist abhängig vom Rauchgasweg, der hier in eine Gerade $a \rightarrow f$ ausgestreckt ist, das Raumgewicht der Rauchgase aufgetragen; außerdem enthält das Schaubild a die Raumgewichtsgerade der Luft. Hierbei ist nun folgendes zu beachten. Die Fläche, die zwischen Raumgewichtskurve der Rauchgase und Raumgewichtsgeraden der Luft liegt, stellt in ihrer Gesamtheit nicht etwa den gesamten in der Anlage wirksamen Treibdruck dar, sondern es sind in der Anlage waagerechte Strecken im Rauchgasweg, z. B. Strecke $b \rightarrow c$ und $d \rightarrow e$, die keinen Steigdruck liefern, ferner wird auf der Strecke $c \rightarrow d$ ein negativer Steigdruck erzeugt. Diejenigen zwischen Raumgewichtsgerade der Luft und Raumgewichtskurve der Rauchgase gelegenen Flächenstücke, die als positive Steigdrücke zu bewerten sind, sind schräg schraffiert, andere Flächenstücke, die einen Steigdruck Null darstellen, sind waagerecht gestrichelt schraffiert, und das Flächenstück, das den negativen Steigdruck veranschaulicht, ist kreuzweise schraffiert.

Unter Beachtung der Wertigkeit der verschiedenen Flächenstücke des Schaubildes a ist das Schaubild b konstruiert: die linke Grenzkurve fängt im Punkt f auf der Null-Linie an und erreicht im Punkt e einen Abstand von der Null-Linie, der dem Steigdruck auf der Strecke $e \rightarrow f$ entspricht. Bis Punkt d verläuft die linke Grenzkurve im gleichen Abstand; denn auf der Strecke $c \rightarrow d$ ist der Steigdruck Null. Dann wird entsprechend der Wirksamkeit des negativen Steigdrucks auf der Strecke $d \rightarrow e$ der Abstand der Grenzkurve von der Null-Linie kleiner, bleibt auf der Strecke $c \rightarrow d$ konstant, da hier der Steigdruck Null ist, und vergrößert sich auf der Strecke Punkt b bis Z_1 um den auf dieser Strecke erzeugten Steigdruck und bleibt unterhalb Z_1 konstant, weil hier wieder der Steigdruck Null ist. Bei der Konstruktion der rechten Grenzkurve beginnt man von unten in Punkt a und verfährt sinngemäß. Die Entfernung der beiden Grenzkurven — auf der Waagerechten ge-

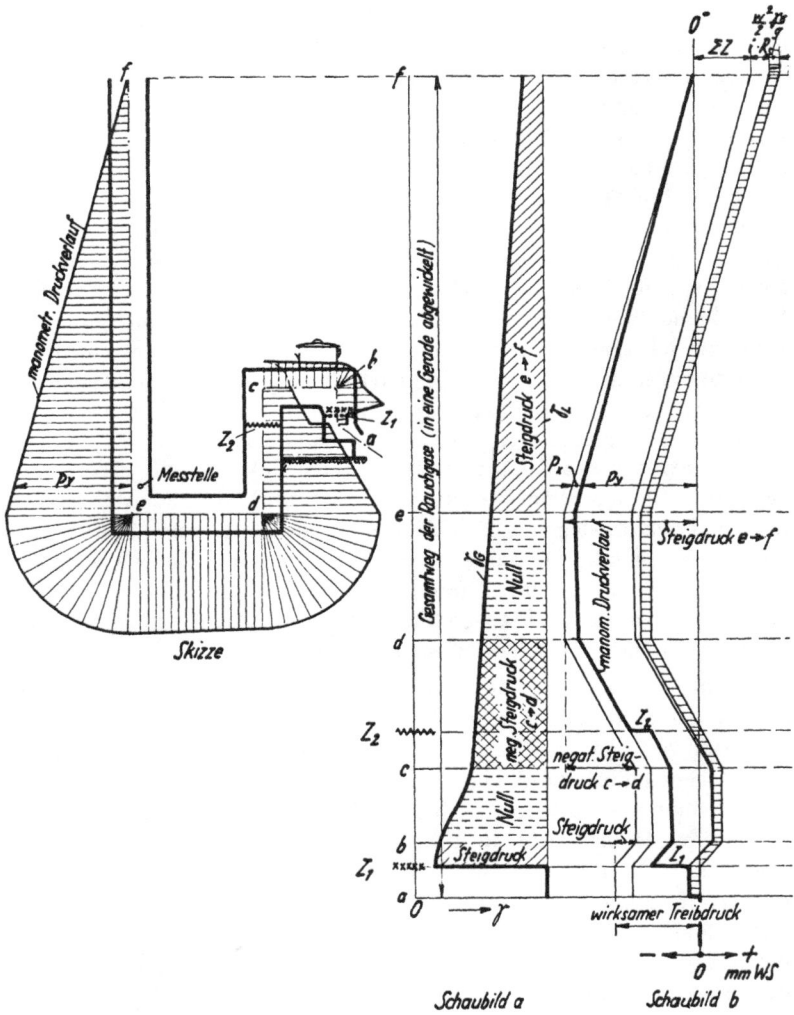

Abb. 25. Druckverhältnisse bei einer Feuerungsanlage mit fallendem Zug (schematisch).

messen — stellt bekanntlich den dem Strömungsvorgang zur Verfügung stehenden wirksamen Treibdruck p_wirk dar. p_wirk hat folgenden Wert:

$$p_\text{wirk} = (\text{Steigdruck } e \rightarrow f) + (\text{Steigdruck } b \rightarrow Z_1)$$
$$- (\text{Neg. Steigdruck } c \rightarrow d) \text{ mm WS.}$$

Der zwischen den Grenzkurven gelegene Streifen liegt hier nicht
mehr symmetrisch zur Null-Linie, wie bei den früheren einfachen
Beispielen, sondern schlängelt sich um die Null-Linie herum. Dabei
ist jedoch der Ablauf des Strömungsvorgangs zwischen den Grenzkurven genau der gleiche wie in allen früheren Fällen; insbesondere
wird der manometrische Druckverlauf immer nach gleichen Gesichtspunkten innerhalb der Grenzkurven gefunden.

Der im Schaubild b am ausgestreckten Abgasweg gezeigte manometrische Druckverlauf ist zurückübertragen in die Anordnungsskizze Abb. 25.

Es soll nicht versäumt werden darauf hinzuweisen, wie derjenige,
der Druckmessungen am Schornstein dieser Feuerungsanlage vornimmt, sich durch die Meßergebnisse täuschen lassen kann, wenn
er nicht über die tatsächlichen durch Schaubild b dargestellten Verhältnisse im Bilde ist. Angenommen, er würde die »Zugstärke« am
unteren Ende des Schornsteins in der Nähe des Punktes e feststellen
(s. Skizze Abb. 25). Er bekommt den Wert p_y. Wenn wir den
Meßwert im Schaubild b aufsuchen, so erkennen wir, daß der Wert p_y
einen viel größeren Wert darstellt als der Feuerungsanlage als wirksamer Treibdruck für den Strömungsvorgang überhaupt zur Verfügung steht. Die meisten Leute glauben aber, daß je größer die
»Zugstärke« im Schornstein, desto größer auch der Treibdruck ist,
der dem Strömungsvorgang zur Verfügung steht. An diesem Beispiel ist wieder deutlich erkennbar, daß das unüberlegte mechanische
Messen der »Zugstärke« am Schornstein zu ganz falschen Schlüssen
führen kann. Selbst wenn man die Aschenfalltür bei a vorübergehend
ganz schließt — diese Maßnahme wird als Methode zur Ermittlung
der Gesamtzugstärke oder theoretischen Zugstärke empfohlen —
stellt der Meßwert in diesem Fall n i c h t die Größe des wirksamen
Treibdrucks für den Strömungsvorgang dar, sondern einen größeren
Wert. Bei der »Zugstärke« ist also auch die Gestalt oder Form des
Abgaswegs zu berücksichtigen.

Nach Erörterung dieser allgemeinen Musterbeispiele, die jedoch schon auf besondere bauliche Anordnungen der Feuerungsanlagen Bezug nehmen, werden nachstehend einige typische Vertreter von Feuerungsanlagen hinsichtlich ihrer Strömungsverhältnisse besprochen. Die folgenden Beispiele sind — worauf besonders hingewiesen wird — so gewählt, daß sich für unseren Zweck möglichst lehrreiche Schaubilder ergaben. Hinsichtlich Betriebsweise und Wirtschaftlichkeit der Feuerstätte sollen sie nicht als Vorbild dienen.

II B. Häusliche Feuerungsanlagen für feste Brennstoffe.

1. Zimmerheizofen.

Charakteristisch für diese Art von Feuerstätten einfacher Bauart ist die stehende Anordnung des Verbrennungsschachtes, an den sich in der Regel innerhalb des Ofens weitere Rauchgaskanäle entweder oberhalb des Verbrennungsschachtes (Deckenzüge) oder seitlich davon (Sturz- und Steigzüge) zur weiteren Ausnutzung der Rauchgaswärme anschließen. Wir haben grundsätzlich einen senkrechten Verbrennungsschacht (Füllschacht), der unten die Rosteinrichtung zum Tragen des Brennstoffes enthält. Die unterhalb des Rostes befindliche Lufteintrittsöffnung ist durch eine Regelvorrichtung verschließbar, die als willkürlich veränderlicher Widerstand für den Strömungsvorgang dient. Am Ende des Rauchgasweges innerhalb des Ofens befindet sich in der Rückwand des Ofens der Rohrstutzen, an den sich das Rauchrohr anschließt, mittels dessen die Feuerstätte mit dem eigentlichen Schornstein verbunden ist.

Zimmeröfen in besserer Ausführung haben Einrichtungen für eine weitgehende wärmewirtschaftliche Ausnützung des Brennstoffs, ferner gut durchgebildete Regelvorrichtungen zur Erzielung eines gleichmäßigen Heizbetriebes.

Die Strömungsverhältnisse der Abgase bei einer älteren einfachen Feuerungsanlage sind durch Abb. 26 veranschaulicht (s. Anlage). Links ist eine Anordnungsskizze über die baulichen Verhältnisse gezeichnet. Daneben ist das Temperaturdiagramm wiedergegeben. Es genügt natürlich nicht, etwa nur den Temperaturverlauf im Schornstein zu berücksichtigen, sondern die sehr heißen und daher auch sehr leichten Verbrennungserzeugnisse im Ofen selbst müssen mit in die

Betrachtung gezogen werden; denn im Ofen selbst wird ein beträcht-
licher Steigdruck erzeugt, der — zumal bei Zimmerheizöfen großer Bau-
höhe — keineswegs vernachlässigt werden darf. Dasselbe gilt für das
Rauchrohr. Das mittlere Schaubild zeigt die aus dem Temperaturverlauf sich ergebende Raumgewichtskurve der Verbrennungsgase und
die Raumgewichtsgerade der Umgebungsluft. Die schraffierte Fläche
stellt den insgesamt erzeugten Steigdruck dar, der in diesem besonderen
Falle 3,73 mm WS = 100% beträgt; hiervon bringt der Schornstein
67,7%, das Rauchrohr 19,5% und der Ofen selbst 12,8% auf. Obwohl der Ofen nur 78 cm und das anschließende Rauchrohr nur
106 cm hoch waren, entfällt auf diese beiden Teile eine Steigdruck-
erzeugung von rund $1/_3$ des Gesamtsteigdrucks; der vom Rauchgas
durchströmte Teil des Schornsteins war 737 cm lang, war also 4 mal
so hoch wie die beiden anderen Teile und beteiligte sich nur mit
rd. $66^2/_3\%$ an der Aufbringung des Gesamttreibdrucks. Man kann
angesichts solcher Verhältnisse nicht gut sagen, daß bei diesen Feuerungsanlagen der Schornstein allein den »Zug« erzeuge.

Das rechte Schaubild ist das übliche Druckschaubild mit den
Grenzkurven, zwischen denen der manometrische Druckverlauf der
Rauchgase liegt. Damit die Heizleistung des mit Kleinkoks beschick-
ten Ofens nicht zu groß wurde, war es nötig, die Unterluftregel-
vorrichtung fast ganz zu schließen; dadurch ergab sich hier ein großer
Strömungswiderstand für den Eintritt der Verbrennungsluft in den
Ofen. Die anderen Hauptwiderstände sind: der Widerstand der Brenn-
stoffschicht; der Widerstand beim Austritt der Rauchgase aus dem
Ofen in das Rauchrohr und Widerstand des unteren Knies im Rauchrohr; ferner der Widerstand des oberen Knies im Rauchrohr und
Widerstand beim Eintritt der Rauchgase aus dem Rauchrohr in den
Schornstein. Da alle Widerstände im unteren Teil der Feuerungsanlage bzw. etwa am Anfang des Strömungsvorgangs liegen und im
Schornstein selbst keine nennenswerten Widerstände mehr auftreten,
muß der manometrische Druckverlauf bei diesen Feuerungsanlagen
sich sehr schnell der linken Grenzkurve nähern. Da die Abgasgeschwindigkeit meist gering (im Fall der Abb. 26 nur 0,34 m/s) ist,
kann hier der dynamische Druck und die Rohrreibung ganz vernachlässigt werden. Der manometrische Druckverlauf der Rauchgase
fällt daher im Schornstein mit der linken Grenzkurve ziemlich zusammen.

Wer bei diesen Feuerungsanlagen die »Zugstärke« im unteren Teil des Schornsteins feststellt, bekommt daher in diesem Falle als Meßergebnis wohl den im Schornstein erzeugten Steigdruck. Da aber der Schornstein nur einen Teil (im Beispiel nur $^2/_3$) des Gesamttreibdrucks aufbringt, darf man in diesem Fall die gemessene »Zugstärke« nicht als den gesamten (wirksamen) Treibdruck für den Strömungsvorgang ansehen. Bei hohen Öfen (z. B. 2 m) kann der im Ofen selbst erzeugte Steigdruck 50% und mehr von dem Gesamttreibdruck ausmachen, besonders dann, wenn es sich um einen gasreichen Brennstoff (Holz, Flammkohle) handelt, der mit langer Flamme verbrennt. Zugstärkenmessungen im Schornstein geben bei diesen Feuerungsanlagen daher oft kein richtiges Bild von dem wirksamen Treibdruck.

Abb. 26 a (s. Anlage) zeigt die Strömungsverhältnisse der Abgase eines modernen Deckenzugofens. Die Aufteilung des Steigdrucks ist auf der Abb. angegeben.

2. Zentralheizungsanlage für feste Brennstoffe.

Im folgenden werden die Abgasverhältnisse bei einer koksbeheizten Zentralheizungsanlage behandelt. An einem praktischen Beispiel werden die Zusammenhänge bei dieser Art von Feuerungsanlagen in allen Einzelheiten dargelegt. Wie aus den Anordnungsskizzen 1 und 2 auf Abb. 27 ersichtlich (s. Anlage), ist ein Warmwasserheizkessel (Gliederkessel mit 5,9 m² Heizfläche) mit oberem Abbrand an einen etwa 9 m hohen Blechschornstein von 18 cm Durchm. angeschlossen. Die dargestellten Abgasverhältnisse gelten für betrieblichen Beharrungszustand. Da in diesem besonderen Falle der stündliche Abbrand an Koks bzw. die Heizleistung des Kessels von dem Druckunterschied abhängt, der zwischen der Meßstelle: Raum unter Rost und der Meßstelle: Austritt der Abgase aus dem Kessel (Meßstelle im Abgasstutzen des Kessels) besteht, wurde zur Erzielung und Kontrolle des betrieblichen Beharrungszustandes folgende Bedienungsweise angewendet: Die Höhe und damit der Strömungswiderstand der Brennstoffschicht wurden während der Durchführung der Messungen gleich gehalten. Ferner wurde durch entsprechende Einstellung eines unmittelbar hinter dem Kessel in der Abgasleitung befindlichen Abgasschiebers der Unterdruck im Abgasstutzen des Kessels stets auf gleicher Höhe (1 mm WS) gehalten.

Die Aschenfalltür war stets ganz offen. Die Regulierung des Kessels läßt sich bei dieser Betriebsweise leichter bewerkstelligen als wenn der Abgasschieber ganz offen ist und dafür die Aschenfalltür mehr oder weniger geschlossen wird. (Beide Regelarten werden bekanntlich in der Praxis angewendet.) Während 10 Stunden wurde der Kessel auf diese Weise im Beharrungszustande gehalten; es ergaben sich dabei folgende Meßresultate:

Rohkoksverbrauch (40/60 mm Korngröße) . . .   8,65 kg/h

zugeführte Wärme. . . . .   54 000 kcal/h

Wärmeleistung . . . .   42 000 kcal/h

Wirkungsgrad. . . . .   77,7 %

umlaufende Wassermenge . . . .   1 460 kg/h

Temperaturerhöhung des Wassers im Kessel . .   28,9⁰ C

Höhe der Brennstoffschicht . . . .   35 cm

Bezüglich der Kesselzüge (Abgaswege in der Feuerstätte) sei auf folgendes aufmerksam gemacht: In der rechten Kesselhälfte steigen die Abgase aufwärts (steigender Zug), biegen im höchsten Punkt um, ziehen in der linken Kesselhälfte abwärts (fallender Zug) und strömen durch den unten liegenden Abgasstutzen und den anschließenden Schornstein ins Freie. Zur genauen Verfolgung des Temperatur- und Druckverlaufs der Abgase in der Anlage waren sowohl in der Feuerstätte selbst als auch im Schornstein zahlreiche Meßstellen vorgesehen, von denen nur ein Teil in der Abb. 27 eingezeichnet ist. Um die Abgasverhältnisse übersichtlicher zur Darstellung bringen zu können, ist in Skizze 3 der Abgasweg im Kessel in die Gerade abgewickelt. Der in der linken Kesselhälfte gelegene **fallende** Zug erscheint in dieser Darstellung als steigender Zug. In Wirklichkeit ist es jedoch ein fallender Zug, in dem die Steigkraft der Abgase **negativ** ist, im Gegensatz zu der positiven Steigkraft der Abgase in steigenden Zügen.

In Abhängigkeit vom abgewickelten Abgasweg der Anlage sind nun folgende Werte zur Darstellung gebracht:

Volumenschaubild.

Die an den verschiedenen Stellen der Anlage strömenden Volumen sowohl der Verbrennungsluft als auch der Abgase ergeben sich rechnerisch[1]) aus der stündlich verbrannten Koksmenge, der Kokszusammensetzung und der Abgaszusammensetzung bzw. dem Luftüberschuß unter Berücksichtigung von Temperatur und Druck (Barometerstand). Aus 122 m³/h Verbrennungsluft und 8,65 kg/h Rohkoks entstehen bei der Verbrennung rd. 580 m³/h heiße Verbrennungsgase von rd. 1200° C mit 12% CO_2, die infolge Temperaturabnahme im Kessel bis auf rd. 190 m³/h (gemessen am Kesselausgang bei 207° C) und im anschließenden Schornstein auf rd. 150 m³/h (gemessen an der Schornsteinausmündung bei 103° C) zusammenschrumpfen. Die mittlere Abgasgeschwindigkeit im Schornstein beträgt 1,85 m/s.

Temperaturschaubild.

In diesem Schaubild sind die Ergebnisse der Temperaturmessungen graphisch aufgetragen.

Raumgewichtsschaubild.

Die Raumgewichtsgerade der Luft und die Raumgewichtskurve der Abgase ergeben sich rechnerisch unter Berücksichtigung des absoluten Druckes (Barometerstandes), der Temperaturen, des Feuchtigkeitsgehalts und der Abgaszusammensetzung. Aus der Fläche, die zwischen der Raumgewichtsgeraden der Luft und der Raumgewichtskurve der Abgase liegt, gewinnt man die Größe des wirksamen Treibdrucks, wobei jedoch die senkrecht schraffierte Fläche als negativer Steigdruck zu bewerten ist. Der wirksame Treibdruck in der Anlage ist hier: + 2,68 mm WS (obere Fläche) — 0,44 mm WS (= senkrecht schraffierte Fläche) + 0,58 mm WS (= untere Fläche) = 2,82 mm WS gesamt.

Druckschaubild.

Die rechte und linke Grenzkurve ergibt sich in bekannter Weise aus dem Raumgewichtsschaubild, wobei als Besonderheit bei dieser Anlage der negative Steigdruck hervorzuheben und auf seine entsprechende Bewertung im Druckschaubild hinzuweisen ist. Der

---

[1]) In diesem Fall war die rechnerische Methode anwendbar, weil der Kessel durch sorgfältige Bedienung und Regelung während der ganzen Versuchszeit im betrieblichen Beharrungszustande gehalten wurde (vgl. Abschnitt III C).

manometrische Druckverlauf ergibt sich aus der Eintragung der an den verschiedenen Stellen gemessenen manometrischen Drücke. Man kann an Hand des Druckschaubildes die Umsetzung des Treibdrucks in folgender Weise zergliedern:

Wirksamer Treibdruck . . . . 2,82 mm WS

    Davon wird verbraucht:

Für die Überwindung des Widerstandes der
Brennstoffschicht. . . . . Z_{Koks} = 0,86 mm WS

Für den dyn. Druck (umgesetzt im Abgasstutzen des Kessels) . . . . p_{dy} = 0,14 mm WS

Für die Überwindung des Austrittswiderstandes des Kessels . . . . Z_a = 0,22 mm WS

Für die Überwindung des Abgasschieberwiderstandes. . . . . Z_{Schieber} = 1,44 mm WS

Für die Überwindung der Reibung im
Schornstein . . . . R = 0,16 mm WS

Summe = 2,82 mm WS

Der manometrische Druckverlauf wird durch folgende Einflüsse bestimmt: Vor der Aschenfalltür ist der manometrische Druck Null. Infolge des Widerstandes der Brennstoffschicht von 0,86 mm WS würde der manometrische Druck an der Oberkante der Brennstoffschicht auf − 0,86 mm WS herabgehen. Da aber zugleich in der Brennstoffschicht ein positiver Steigdruck von + 0,28 mm WS erzeugt wird, ist der manometrische Druck an der Oberkante Brennstoffschicht (− 0,86 + 0,28) = − 0,58 mm WS, der bis zum Umkehrpunkt der Abgasströmung infolge des auf diesem Wegstück noch erzeugten positiven Steigdrucks von + 0,30 mm WS auf (− 0,58 + 0,30) = − 0,28 mm WS ansteigt. In dem anschließenden fallenden Zug, der keine Strömungswiderstände enthält, wird ein negativer Steigdruck von − 0,44 mm WS erzeugt, so daß sich kurz vor dem Kesselausgang ein manometrischer Druck von (− 0,28−0,44) = − 0,72 mm WS einstellt, der infolge der im Abgasstutzen eintretenden Gasbeschleunigung (p_{dy} = − 0,14 mm WS), ferner infolge des Austrittswiderstandes Z_a = − 0,22 mm WS und des gleich darauffolgenden Schieberwiderstandes von Z_{Schieber} = − 1,44 mm WS am Fuße des Schornsteines folgenden Wert annimmt: (− 0,72 −

6*

0,14 — 0,22 — 1,44) = — 2,52 mm WS. Im Schornstein wird sodann ein positiver Steigdruck von + 2,68 mm WS erzeugt, aber auch zugleich für Reibung ein Betrag von — 0,16 mm WS verbraucht, so daß an der Schornsteinausmündung der manometrische Druck (— 2,52 + 2,68 — 0,16) = 0 mm WS wird. Da kein Treibdruck durch äußeren Druckunterschied bei dieser Anlage mitwirkte, muß der manometrische Druck — gemessen vor Aschenfalltür und in der Austrittsöffnung des Schornsteins — in beiden Fällen Null sein.

Schaubild für den manometrischen Druckverlauf.

Zwecks größerer Anschaulichkeit ist in diesem Schaubild der manometrische Druckverlauf nochmals besonders herausgezeichnet, wobei die bildliche Darstellung unverzerrt wiedergegeben ist, jedoch der Druckmaßstab gegenüber dem vorherigen Druckschaubild auf die Hälfte verkleinert wurde. Man erkennt, daß der manometrische Druck, gemessen vor Aschenfalltür (Punkt *a*) bei Null beginnt, in der Brennstoffschicht auf — 0,58 mm WS fällt (Punkt *c*), bis zum Scheitelpunkt (Punkt *d*) auf — 0,28 mm WS ansteigt, in der linken Kesselhälfte (fallender Zug) bis zum Abgasstutzen (Punkt *e*) auf — 0,72 mm WS fällt, im Abgasstutzen weiter auf — 1,08 mm WS (Punkt *f*) und durch den Abgasschieber auf — 2,52 mm WS (Punkt *g*) absinkt. Der manometrische Druck steigt dann im Schornstein bis auf 0 mm WS in der Ausmündung (Punkt *h*) an.

Schlußfolgerungen.

Da der Widerstand durch Reibung im Schornstein hier klein ist und Einzelwiderstände darin ganz fehlen, gibt die Messung des Unterdrucks am Schornsteinfuß (Punkt *g*), also die »Zugstärke« bei dieser Art der Feuerung den im Schornstein erzeugten Steigdruck ziemlich richtig an. Aus der ständigen Anzeige des an dieser Stelle herrschenden Unterdrucks (etwa mittels eines geeigneten Druck- bzw. Zug-Meßgerätes) könnte man schließen, wieviel Treibdruck der Schornstein jeweils etwa erzeugt und an den Kessel abgeben könnte. Im Kessel selbst werden zwar auch positive und negative Steigdrücke erzeugt, die sich aber gegenseitig ziemlich aufheben, so daß bei dieser Anlage der wirksame Treibdruck für die Abgasströmung vom Schornstein allein aufgebracht wird.

Deshalb ist es bei dieser Art von Feuerungsanlagen auch durchaus berechtigt und zweckmäßig, den Unterdruck am Schornsteinfuß (die Zugstärke) zu messen und durch geeignete Meßgeräte ständig anzuzeigen. Um aber den vom Schornstein an den Kessel nutzbar abgegebenen Treibdruck bzw. die Nutzleistung des Schornsteins zu bekommen, müßte man den Unterdruck v o r dem Abgasschieber (Punkt *f*) messen. Der hier gemessene oder ständig angezeigte Unterdruck wäre in. diesem Fall ein Maß für den Treibdruck, der das Feuer anfacht.

Wäre die Regelung in der Weise vorgenommen, daß der Abgasschieber ganz offen, dafür aber die Aschenfalltür so weit geschlossen ist, daß an dieser die gleiche Drosselung wie früher am Abgasschieber entstände, so würde sich an den Strömungsverhältnissen zwar nichts ändern, aber im ganzen Kessel ein um den Schieberwiderstand größerer Unterdruck sich einstellen. Das Druckgefälle, das früher am Abgasschieber bestand, würde rückverlegt an die Aschenfalltür. Der nutzbar vom Schornstein an den Kessel abgegebene Treibdruck könnte bei dieser Schaltung in der Weise gemessen werden, daß man den Druckunterschied zwischen dem Raum unter Rost (Punkt *b*) und andererseits der Stelle im Abgasstutzen des Kessels (Punkt *f*) mißt. Dieser Druckunterschied wäre zahlenmäßig gleich dem manometrischen Druck im Punkt *f* bei der ersten Schaltung (offene Aschenfalltür, aber gedrosselter Abgasschieber).

Diese Betrachtungen lassen wieder erkennen, daß man sich bei derartigen Messungen wohl überlegen muß, was man aus solchen Meßwerten überhaupt für Schlüsse auf die Strömungsvorgänge der Abgase in den Feuerungsanlagen ziehen darf.

II C. Industrielle Feuerungsanlagen.

Abb. 27 b (s. Anlage) zeigt den Strömungsvorgang im Heizsystem eines Gaswerkofens (Schrägkammerofens). — Weitere Beispiele im 2. Band.

II D. Häusliche Gasfeuerungsanlagen.

Es ist in diesem Zusammenhang nur an solche Gasfeuerstätten gedacht, deren Abgase wegen des großen stündlichen Gasverbrauchs oder der langen Benutzungsdauer der Gasfeuerstätten durch geeignete Leitungen ins Freie abzuführen sind; hierunter fallen besonders die Gas-Wasserheizer (Gasbadeöfen) und die Gas-Raum-heizgeräte. Die Gasfeuerungsanlagen unterscheiden sich hinsichtlich der Druckverhältnisse bei der Abgasströmung ziemlich bedeutend von Kohlenfeuerungsanlagen. Obwohl Ursache und Ablauf des Strö-mungsvorgangs der Verbrennungserzeugnisse bei Kohlen- und Gas-feuerungsanlagen grundsätzlich gleich sind, sind aber einige Neben-umstände, insbesondere die Größe und örtliche Lage der Strömungs-widerstände, bei Gasfeuerungsanlagen so verschieden von denen bei Kohlenfeuerungsanlagen, daß sich rein äußerlich ein sehr verschie-denes Bild der Druckverhältnisse bei der Abgasströmung ergibt. Die Unterschiede bestehen in folgenden Punkten:

1. Bei Kohlenfeuerstätten haben wir eine Brennstoffschicht, die gewöhnlich einen bedeutenden Widerstand für den Strö-mungsvorgang darstellt. Bei Gasfeuerstätten fällt dieser Widerstand ganz weg, weil hier eine Brennstoffschicht nicht vorhanden ist.

2. Bei Gasfeuerstätten haben wir als Treibdruck für den Strö-mungsvorgang außer dem auch bei Kohlenfeuerstätten vor-handenen Steigdruck der Verbrennungserzeugnisse noch zusätzlich einen anderen Treibdruck, der durch die Aus-strömungsgeschwindigkeit des Heizgases aus dem Brenner gegeben ist. Das unter Druck stehende und mit großer Ge-schwindigkeit aus dem Brenner austretende Heizgas wirkt wie ein Ejektor und ist so in der Lage, die Herbeischaffung der ganzen Verbrennungsluft zur Feuerstätte zu besorgen. Bei Kohlenfeuerunganlagen geht aber diese Arbeit schon auf Kosten der in der Feuerstätte und im angeschlossenen Schornstein erzeugten Steigenergie.

3. Der zur Unterhaltung des Strömungsvorgangs erforderliche Steigdruck kann bei Gasfeuerungsanlagen aus dem unter 1. und 2. genannten Gründen gering sein, woraus sich wiederum die Zulässigkeit hoher Wärmeausnutzung bei Gasfeuerstätten herleiten läßt. Die Abgase können daher bei Gasfeuerungs-anlagen mit geringer Temperatur aus den Gasfeuerstätten entweichen. Andererseits ist aber ein Strömungsvorgang, der nur durch geringe Steigdrücke aufrechterhalten wird, sehr viel leichter durch äußere Störungen (z. B. äußere Druck-

unterschiede, die durch Wind hervorgerufen werden) be-
einflußbar als beispielsweise der durch große Steigdrücke
hervorgebrachte und daher »stabilere« Strömungsvorgang bei
Kohlenfeuerungsanlagen. Störungen oder Unregelmäßigkei-
ten im Strömungsvorgang der Verbrennungserzeugnisse sind
aber bei Gasfeuerungsanlagen höchst unerwünscht, weil bei
steigender Strömungsgeschwindigkeit der Verbrennungsluft-
überschuß größer und die Wärmeausnutzung (der Wirkungsgrad der Gasfeuerstätte) schlechter wird, ferner bei abnehmender Geschwindigkeit oder gar bei rückläufiger Strömung
der Verbrennungserzeugnisse infolge des dann eintretenden
Verbrennungsluftmangels unvollkommene Verbrennung oder
äußerstenfalls ein Erlöschen der Gasflammen eintreten kann.

Um sich von dieser Unsicherheit des Betriebes und von
der Veränderlichkeit des Wirkungsgrades zu befreien, werden zwischen Gasfeuerstätten und Abgasleitungen Sicherheitsvorrichtungen eingeschaltet, die den Strömungsvorgang der
Verbrennungserzeugnisse in den Gasfeuerstätten vollständig
von dem Strömungsvorgang der Abgase in der Abgasleitung
trennen; die beiden Strömungsvorgänge haben dann nichts
mehr miteinander zu tun, jeder läuft so ab, als ob der andere
nicht vorhanden wäre. Solche Sicherheitsvorrichtungen sind
Z u g u n t e r b r e c h e r , S t a u s i c h e r u n g e n und R ü c k -
s t r o m s i c h e r u n g e n , von denen die Rückstromsicherungen die vollkommensten sind.

Aus dieser Sachlage heraus ergeben sich gewisse Forderungen,
die die Gasfeuerstätten und deren Abgasleitungen erfüllen müssen.
Zunächst müssen die Gasfeuerstätten so gebaut sein, daß der in ihnen
erzeugte Steigdruck allein für einen einwandfreien Betrieb der Gasfeuerstätte voll ausreicht, die Gasfeuerstätte also auch o h n e A n -
s c h l u ß an einen Schornstein mit voller Leistung einwandfrei betrieben
werden kann. Die Strömungswiderstände sind in den Gasfeuerstätten
so gering zu halten und können auch stets so gering gehalten werden,
daß diese Forderung immer erfüllt werden kann. Sodann muß die
Abgasleitung so bemessen sein, daß der in ihr erzeugte Steigdruck
genügt, um die von der Gasfeuerstätte abgestoßenen Abgase unter
normalen störungsfreien Verhältnissen restlos ins Freie abzuführen.
Treten im Strömungsvorgang in der Abgasleitung vorübergehend

irgendwelche Störungen ein, sei es, daß als Folge davon die Strömungsgeschwindigkeit größer, kleiner, Null oder gar negativ (rückläufige Bewegung) wird, so wird durch das Vorhandensein der genannten Sicherungen der Strömungsvorgang in der Gasfeuerstätte davon nicht berührt.

Die Konstruktion und Arbeitsweise des Zugunterbrechers beruht grundsätzlich darauf, daß man die Abgase nach Verlassen der Gasfeuerstätte an einer geeigneten Stelle des Abgasweges eine gewisse Strecke lang frei durch die Luft strömen läßt oder eine genügend offene Verbindung zwischen Abgasweg und umgebender Luft schafft und auf diese Weise die Abgase an dieser Stelle drucklos macht; d. h. an dieser Stelle haben die Abgase stets den Druck der umgebenden Luft, wie auch die Strömungs- und Druckverhältnisse in der nachfolgenden Abgasleitung beschaffen sein mögen. Dann arbeitet aber die Gasfeuerstätte immer unter den gleichen Bedingungen, was ja erreicht werden soll.

Ist der in der Abgasleitung erzeugte Steigdruck so groß, daß die darin abbeförderte Abgasmenge größer ist als die von der Gasfeuerstätte abgegebene Menge, so tritt zusätzlich Luft aus der Umgebung durch den Zugunterbrecher in die Abgasleitung. Ist der wirksame Treibdruck vorübergehend geringer — etwa infolge Einwirkung eines aufstromhemmenden Treibdrucks auf die Abgasleitung —, so daß die von der Abgasleitung abbeförderte Abgasmenge unter die aus der Gasfeuerstätte anfallende Menge herabsinkt, so tritt vorübergehend ein Teil, gegebenenfalls auch sämtliches Abgas durch die Zugunterbrechung in den Raum aus (der Zugunterbrecher wirkt als Stausicherung). Da die Abgase von Gasfeuerstätten keine Schwelerzeugnisse oder giftige Bestandteile enthalten, ist das vorübergehende Austreten von Abgasen in den Raum ganz unbedenklich.

Damit bei eintretendem Rückstrom in der Abgasleitung dieser sich nicht ungünstig auf den Strömungsvorgang in der Gasfeuerstätte auswirken kann, wird im Zugunterbrecher eine Ablenkscheibe oder ein Ablenkkörper vorgesehen. Ein Zugunterbrecher mit einer solchen Ablenkvorrichtung für rückströmende Abgase wird als Rückstromsicherung bezeichnet.

Die genannten Sicherheitsvorrichtungen werden entweder konstruktiv mit den Gasfeuerstätten vereinigt (eingebaute Zugunter-

brecher, eingebaute Rückstromsicherungen) oder werden zusätzlich
den Gasfeuerstätten in der Abgasleitung nachgeschaltet. Abb. 28
stellt beispielsweise eine in einen Warmwasserbereiter eingebaute
Zugunterbrechung, Abb. 29 eine eingebaute Rückstromsicherung,
Abb. 30 eine zusätzlich der Gasfeuerstätte nachzuschaltende Rückstromsicherung im Schema dar. Genauere Angaben hierüber sind
in der Broschüre »Häusliche Gasfeuerstätten« des DVGW, 12. Auf-
lage, enthalten.

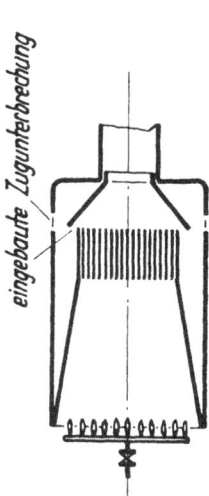

Abb. 28. Schema einer
eingebauten Zugunter-
brechung.

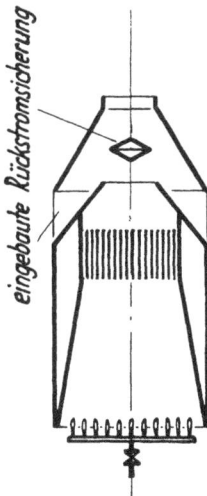

Abb. 29. Schema einer
eingebauten Rückstrom-
sicherung.

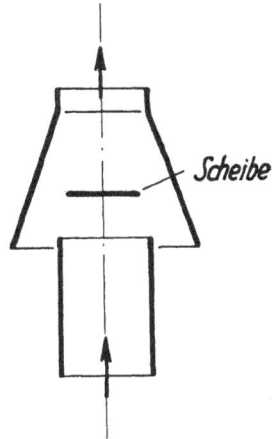

Abb. 30. Schema einer zu-
sätzlich der Gasfeuerstätte
nachzuschaltenden Rück-
stromsicherung.

Ist eine Feuerstätte dicht mit der Abgasleitung verbunden,
wie es bei allen Kohlenfeuerungsanlagen ja gewöhnlich der Fall ist,
so muß Feuerstätte + Abgasleitung strömungstechnisch als ein einheitliches zusammenhängendes Gebilde aufgefaßt und dementsprechend behandelt werden. Ist jedoch zwischen Feuerstätte und
Abgasleitung ein Zugunterbrecher eingeschaltet, so sind strömungstechnisch beide Teile unabhängig voneinander gemacht; Gasfeuerstätte und Abgasleitung sind daher strömungstechnisch n i c h t mehr
ein einheitliches Gebilde, sondern jeder Teil ist strömungstechnisch
ein selbständiges, von dem anderen Teil unabhängiges Gebilde.

Wenn man eine an einen Schornstein angeschlossene Gasfeuerstätte mit eingebauter Zugunterbrechung bzw. Rückstromsicherung vor sich hat, hat man rein äußerlich oft nicht den Eindruck, daß es sich um zwei selbständige unabhängig voneinander arbeitende Systeme handelt, oder man denkt meist nicht daran. Tatsächlich ist aber dieser Umstand bei Gasfeuerungsanlagen von großer Bedeutung für die ganze Beurteilung der Strömungsverhältnisse bei der Abgasabführung und auch sehr wesentlich für den manometrischen Druckverlauf der Abgase bzw. für die »Zugstärke« des Gasschornsteines. Wir können die Gasfeuerstätte hinsichtlich der Strömung der Verbrennungserzeugnisse ganz für sich betrachten und untersuchen, ebenso die Abgasleitung, bei der für den Strömungsvorgang lediglich die einfachen Voraussetzungen bestehen, die wir früher bei einem mit spezifisch leichten Gasen angefüllten und mit Widerständen versehenen Rohr angenommen hatten (vgl. Abb. 9 u. 17).

Abb. 31 enthält die Untersuchungsergebnisse der Strömungsverhältnisse in einer Gasfeuerstätte: Links ist eine schematische Skizze eines Gasbadeofens mit eingetragenen Höhenmaßen (in mm) gebracht. Unten liegt der Gasbrenner, darüber befindet sich die wassergekühlte Verbrennungskammer, die oben den Wärmeaustauscher (wasserdurchströmte Rippenrohre) trägt. Darüber ist ein konisches Verbindungsstück (Abgashaube) gestülpt, das unten dicht mit dem Wärmeaustauscher verbunden ist und oben in den Abgasstutzen übergeht. Dann folgt noch ein kurzes Abgasrohrstück von 95 mm Länge, an das sich oben die Rückstromsicherung anschließt.

Strömungstechnisch ist der vom Brenner bis Oberkante des Abgasrohrstücks sich erstreckende Kanal ein selbständiges Gebilde.

Schaubild a zeigt den Temperaturverlauf der Verbrennungserzeugnisse in diesem »Kanal«, Schaubild b gibt den entsprechenden Verlauf ihres Raumgewichtes an; die schraffierte Fläche stellt die Größe des Steigdrucks dar. Schaubild c enthält die Grenzkurven, zwischen denen der durch Messungen bestimmte manometrische Druckverlauf der Verbrennungsgase liegt. Man sieht, daß die Verbrennungsgase in der Gasfeuerstätte Überdruck haben. Hierin weichen die meisten Gasfeuerstätten von den Kohlenfeuerstätten ab, deren Verbrennungserzeugnisse meist unter Unterdruck stehen. Die Ursache für das Auftreten von Überdruck in den Gasfeuerstätten

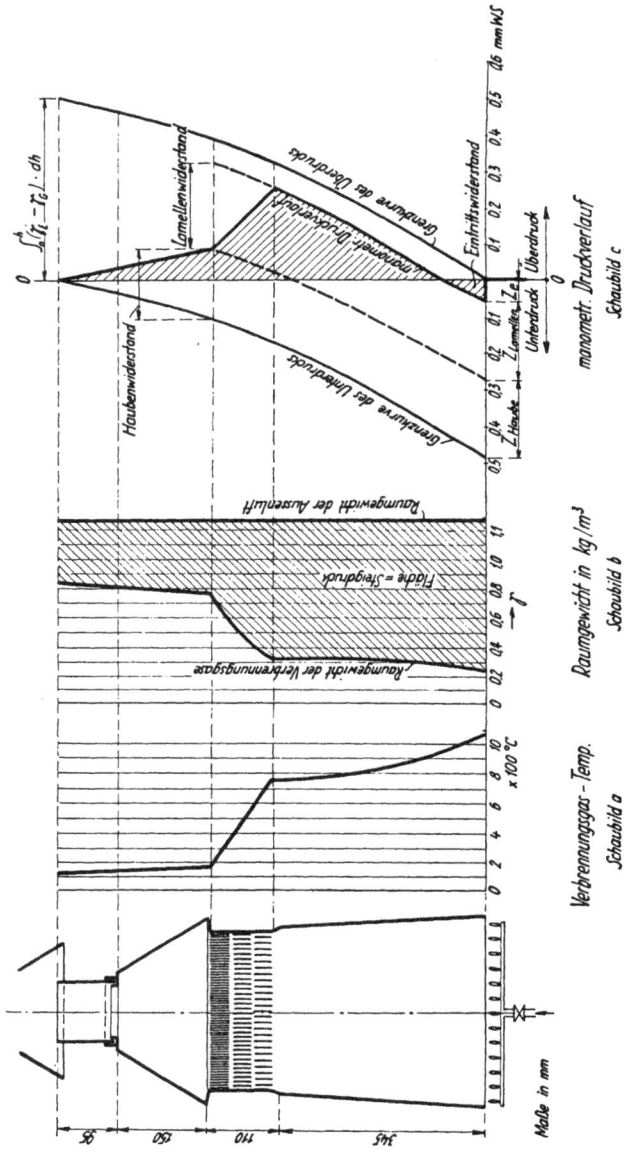

Abb. 31. Abgasverhältnisse bei einer Gasfeuerstätte (Gasbadeofen allein).

läßt sich nach den früher gemachten Erörterungen über den Ablauf von Strömungsvorgängen, die durch Raumgewichtsunterschiede hervorgerufen werden, dadurch leicht erklären, daß hier die Strömungswiderstände (nämlich der Wärmeaustauscher oder Lamellenkörper und die darüber befindliche Abgashaube) oben in der Feuerstätte liegen, während der Hauptwiderstand der Brennstoffschicht bei Kohlenfeuerstätten sich unten im Ofen (vgl. Abb. 26) befindet. Wenn jemand in Gasfeuerstätten die »Zugstärke« mißt, bekommt er einen Überdruck als »Zugstärke«. Mit den üblichen Anschauungen über »Zug« bei Feuerstätten ist dieses Ergebnis nicht zu vereinbaren, wohl aber, wenn man die Strömungsvorgänge unter den in dieser Abhandlung entwickelten Gesichtspunkten betrachtet.

In Abb. 32 (s. Anlage) sind die Abgasverhältnisse bei einer Gasfeuerungsanlage dargestellt: Auf der Anordnungsskizze ganz links sieht man einen Badeofen (für 320 kcal/min Nennleistung) mit eingebauter Rückstromsicherung, der an einen Blechschornstein angeschlossen ist.

Das Temperaturschaubild zeigt den Temperaturverlauf der Verbrennungs- bzw. Abgase vom Brenner bis zur Ausmündung des Schornsteins. Die hohe Temperatur unmittelbar über dem Brenner nimmt schon bis zum Wärmeaustauscher (Lamellenkörper) ziemlich bedeutend ab und erleidet anschließend im Wärmeaustauscher einen Sturz bis auf 210° C; mit dieser Temperatur gelangen die Abgase in die Rückstromsicherung. An dieser Stelle tritt zu den Abgasen Raumluft von 20°; hierdurch entsteht zu Anfang der Abgasleitung eine Mischtemperatur von 81°, die sich infolge Wärmeverluste durch die Rohrwand bis zur Ausmündung auf 63,5° verringert.

Aus dem Volumenschaubild ist das stündlich durch die verschiedenen Querschnitte der Anlage strömende Volumen zu entnehmen. Die Volumen gelten bei einem Druck (Barometerstand) von 721 mm QS und bei der aus dem Temperaturschaubild jeweils zu entnehmenden Temperatur. Man erkennt folgendes: Zu 6,8 m³/h Gas treten 35,4 m³/h Verbrennungsluft; aus diesem Gas-Luftgemisch von 42,2 m³/h entstehen bei der Verbrennung 185,3 m³/h heiße Verbrennungsgase, die beim Durchströmen der Gasfeuerstätte infolge Wärmeabgabe auf 65,4 m³/h vor der Rückstromsicherung zusammengeschrumpft sind. Zu diesen 65,4 m³/h Verbrennungsgasen von 210° C treten in der Rückstromsicherung noch 89,4 m³/h Raumluft von 20⁰, so daß rd. 155 m³/h Abgase von 81⁰ in die Abgasleitung eintreten, die bis zur Ausmündung infolge Wärmeabgabe auf rund 148 m³/h noch zusammenschrumpfen.

Das Raumgewichtsschaubild enthält die Raumgewichtskurve der innerhalb der Anlage strömenden Verbrennungsgase und die Raumgewichtsgerade der Luft. Die untere — von links oben nach rechts unten schraffierte Fläche stellt den Steigdruck dar, der in der Gasfeuerstätte, und zwar bis zur Zugunterbrechung wirkt; er beträgt hier 0,43 mm WS. Die obere — von links unten nach rechts oben schraffierte Fläche ist der in der Abgasleitung erzeugte Steigdruck von 1,75 mm WS. Die Abgasleitung beginnt hierbei bereits im Zugunterbrecher. Beide Flächen sind zum Zeichen, daß sie wegen Zwischenschaltung des Zugunterbrechers nicht addiert werden dürfen, durch eine etwas stärker ausgezogene Linie getrennt und außerdem durch verschiedene Schraffur gekennzeichnet.

Das Druckschaubild zeigt die Grenzkurven, und zwar getrennt nach Feuerstätte und Abgasleitung, ferner den Verbrauch an Steigdruck längs des Weges, den die Verbrennungsgase nehmen, ferner den manometrischen Druckverlauf der Verbrennungsgase in der Feuerstätte und der Abgasleitung. Im Zugunterbrecher ist der manometrische Druck Null, wie das ja nach früheren Überlegungen auch der Fall sein muß.

Der Schornstein von 18 cm l. Durchm. und rd. 7 m Höhe ist für die Abführung der in der Feuerstätte erzeugten Abgase zu reichlich bemessen. (Für die Abbeförderung von 65,4 m³/h Abgasen von 210⁰, die die Gasfeuerstätte abstößt, würde bereits ein Schornstein von 14 cm Durchm. ausreichen.) Infolge des großen Querschnittes wären die Strömungswiderstände bei Abführung einer verhältnismäßig so geringen Abgasmenge sehr klein. Da der Steigdruck in der Abgasleitung durch Widerstände hierbei nicht ganz aufgebraucht würde, wirkt sich der Überschuß an Arbeitsvermögen (Treibenergie) dahin aus, daß zusätzlich Luft durch den Unterbrecher angesaugt wird, wodurch infolge Herabsetzung der Abgastemperatur der Steigdruck verringert wird und infolge Vermehrung des Abgasvolumens die Strömungswiderstände stark erhöht werden; beide Veränderungen schreiten so lange fort, bis Gleichgewicht zwischen Steigdrücken und Widerständen eintritt. In diesem etwas anormalen Fall werden rd. 89 m³/h Raumlauft zusätzlich abbefördert; bei geringerem freien Querschnitt des Schornsteins wäre diese Luftmenge natürlich viel kleiner.

Vergleicht man die Strömungsverhältnisse der Abgase einer Gasfeuerungsanlage (Abb. 32) mit denen einer Kohlenfeuerungsanlage (Abb. 26), so erkennt man, daß trotz gleicher Abgasanlage doch außerordentlich große Unterschiede bestehen. Bei der Kohlenfeuerungsanlage beträgt die »Zugstärke« etwa 2,4 bis 2,8 mm WS und die abbeförderte Rauchgasmenge etwa 23 Nm³/h, bei der Gasfeuerungsanlage der »Schornsteinzug« nur etwa 1,3 mm WS, die abbeförderte Abgasmenge aber rd. 114 Nm³/h, also das fünffache Volumen bei nur der Hälfte der »Zugstärke«! Die »Zugstärke« ist also kein Maß für die »Intensität« und die Güte der Arbeitsweise des Schornsteins!

II E. Gas-Warmwasser-Heizkessel (für Zentralheizung).

Es handelt sich im folgenden um den gleichen Gliederkessel mit oberem Abbrand (5,9 m² Heizfläche), der bereits im Abschnitt II B 2 einer Untersuchung unterzogen war. Während er aber dort mit Koks beschickt war, ist er jetzt mit Stadtgas beheizt[1]). Die Anlage ist gegen früher insofern geändert, als im Feuerraum des Kessels jetzt ein entsprechend großer Gasbrenner eingebaut und in der Abgasleitung ein Zugunterbrecher vorgesehen ist. Die Anordnung ist aus den Skizzen auf Abb. 33 (s. Anlage) zu erkennen. Der Wirkungsgrad des Kessels (= Verhältnis der an das Wasser abgegebenen Wärme zu der im Gas zugeführten Wärme — letztere bezogen auf unteren Heizwert des Gases) lag zwischen 86 und 89% bei ¹/₄ bis ¹/₁ Belastung, die Abgastemperatur zwischen 80 und 200⁰ C.

---

[1]) Die Abgasverhältnisse dieses auf Gasfeuerung umgestellten Gliederkessels sind hier nur deshalb als Beispiel angeführt, weil die Verschiedenheit der Strömungsverhältnisse bei der gleichen Anlage besonders gut zum Ausdruck kommt, wenn der Kessel einmal mit Koks (Abb. 27) und das andere Mal mit Gas (Abb. 33) geheizt wird. Es soll durch die Gegenüberstellung dieser Beispiele besonders der Einfluß des vorhandenen oder nicht vorhandenen Brennstoffbettwiderstandes auf die Ausbildung des manometrischen Druckverlaufs gezeigt werden. Meistens wird man ja bei gasbeheizten Zentralheizungskesseln eine auf Gasbeheizung eigens zugeschnittene Sonderbauart verwenden.

Die Betriebsverhältnisse, auf die sich die Schaubilder der Abb. 33 beziehen, sind auf der Abbildung selbst angegeben. Skizze 1 und 2 geben ein maßstäbliches Bild der Anlage. Zur Erzielung einer übersichtlichen Darstellung ist in Skizze 3 der Abgasweg im Kessel in die Gerade abgewickelt. Der in der linken Kesselhälfte gelegene fallende Zug erscheint in dieser Darstellung als steigender Zug. Man muß sich aber stets vor Augen halten, daß die Abgase auf dieser Wegstrecke im Gegensatz zu den anderen Abgaswegen eine negative Steigkraft haben. In Abhängigkeit vom abgewickelten Abgasweg der Skizze 3 sind nun folgende Werte dargestellt:

Im Volumenschaubild: die an den verschiedenen Stellen der Anlage durchströmenden Volumen in m^3/h,

im Temperaturschaubild: die an den verschiedenen Stellen der Anlage vorhandenen Temperaturen,

im Raumgewichtsschaubild: die an den verschiedenen Stellen der Anlage vorhandenen, den Temperaturen entsprechenden Raumgewichte der Abgase,

im Druckschaubild: Erzeugung und Verbrauch des Treibdrucks.

In einem letzten Schaubild ist der manometrische Druckverlauf der Abgase in der Anlage dargestellt; die bildliche Darstellung der Anlage ist hierbei unverzerrt gezeichnet.

Zu den einzelnen Schaubildern ist folgendes zu bemerken:

Volumenschaubild.

Die dargestellten Volumen verstehen sich im Beharrungszustand bei dem vorhandenen Barometerstand (716 mm QS) und den zugehörigen, aus dem Temperaturschaubild zu entnehmenden Temperaturen. Zu der stündlichen Gasmenge von 17 m^3/h gelangen 75 m^3/h Verbrennungsluft, und es entsteht bei der Verbrennung eine Verbrennungsgasmenge von 416 m^3/h (bei 1150° C), die infolge Temperaturerniedrigung im Kessel bis auf 123 m^3/h an der Stelle kurz vor dem Zugunterbrecher (148° C) zusammengeschrumpft ist. Verbrennungsluft- sowie Verbrennungsgas-(Abgas-)Menge ergibt sich rechnerisch aus der verbrauchten Gasmenge, der Brennstoffzusammensetzung, dem gemessenen CO_2-Gehalt (11%) und den gemessenen Temperaturen. •

Im Zugunterbrecher treten 133 m³/h Raumluft in die Abgasleitung ein und mischen sich zu den aus dem Kessel kommenden
Abgasen, so daß in dem oberhalb der Zugunterbrechung liegenden
Teil der Abgasleitung eine Abgasmenge von 265 m³/h (gemessen
kurz oberhalb des Zugunterbrechers) abströmt, die sich infolge Temperaturerniedrigung von 80 auf 60° C bis zur Ausmündung der Abgasleitung auf 250 m³/h verringert. Die in den Zugunterbrecher
eintretende Luftmenge ist aus der Veränderung des CO_2-Gehaltes
der Abgase (von 11% vor dem Zugunterbrecher auf 3,8% nach dem
Zugunterbrecher) rechnerisch ermittelt.

Aus dem Abgasvolumen, das die Abgasleitung von 18 cm
Durchm. stündlich durchströmt, errechnet sich eine mittlere Abgasgeschwindigkeit in der Abgasleitung von 1,36 m/s (vor dem Zugunterbrecher) bzw. von 2,7 m/s (nach dem Zugunterbrecher).

Temperaturschaubild.

Die Temperaturkurve ist das Ergebnis der Temperaturmessungen. In der Verbrennungszone und im Zugunterbrecher hat die
Temperaturkurve je einen Sprung, der in der plötzlichen Wärme-
entwicklung bei der Verbrennung bzw. in der Zumischung von relativ
kälterer Raumluft zu den wärmeren Abgasen seine natürliche Er-
klärung hat.

Raumgewichtsschaubild.

Der Verlauf des Raumgewichts der Abgase ergibt sich aus der
Zusammensetzung, der Temperatur und dem absoluten Druck der
Abgase an den verschiedenen Stellen der Anlage. Die Raumgewichtsgerade der Luft wird unter Berücksichtigung des Barometerstandes, der Temperatur und Feuchtigkeit gefunden. Die zwischen
der Raumgewichtsgeraden der Luft und der Raumgewichtskurve
der Abgase gelegene, schraffierte Fläche ist ein Maß für die erzeugten
Steigdrücke, wobei nochmals darauf aufmerksam gemacht wird, daß
die zwischen Meßstelle 3 und 4 gelegene Fläche ein negativer Steigdruck ist, weil zwischen diesen Meßstellen ja ein fallender Zug
liegt. Diese Fläche ist deshalb zum Unterschied auch senkrecht
schraffiert. Die übrigen schräg schraffierten Flächen stellen positive
Steigdrücke dar. Um aus der Größe der Flächen des Raumgewichtsschaubildes die Steigdrücke in mm WS zu bekommen, ist der Maß-

stab[1]) des Schaubildes zu berücksichtigen. Ist z. B. auf der Abszisse 1 cm = 0,1 kg/m³, auf der Ordinate 1 cm = 50 cm = 0,5 m (Maßstab also 1 : 50), so ist 1 cm² Schaubildfläche = 0,1 kg/m³ × 0,5 m = 0,05 kg/m² bzw. mm WS. Es ergaben sich bei der Auswertung des Raumgewichtsschaubildes folgende Werte:

	Fläche	Steigdruck
Erzeugter positiver Steigdruck in der rechten Kesselhälfte	$w-m-n-v$	+ 0,375 mm WS
Erzeugter negativer Steigdruck in der linken Kesselhälfte	$v-n-o-u$	— 0,5 » »
Erzeugter positiver Steigdruck in dem zwischen Kessel und Zugunterbrecher gelegenen Teil der Abgasleitung	$u-o-p-t$	+ 0,755 » »
Erzeugter positiver Steigdruck in dem zwischen Zugunterbrecher und Ausmündung gelegenen Teil der Abgasleitung	$t-q-r-s$	+ 1,53 » »
In der Anlage erzeugter positiver Gesamtsteigdruck		+ 2,66 mm WS
In der Anlage erzeugter negativer Gesamtsteigdruck		— 0,5 » »
Resultierender Gesamtsteigdruck oder der in der Anlage überhaupt vorhandene wirksame Steigdruck		+ 2,16 mm WS

Druckschaubild.

Dieses Schaubild gibt Aufschluß über die Energie- bzw. Druckverhältnisse bei dem Strömungsvorgang. Die Verhältnisse sind bei diesem Beispiel etwas komplizierter als sonst, weil einmal in der Anlage ein fallender Zug vorhanden ist und zweitens ein Zugunterbrecher eingebaut ist, der jedoch nicht — wie gewöhnlich — den Strömungsvorgang in dem oberhalb der Zugunterbrechung gelegenen Teil der Abgasleitung von dem Strömungsvorgang in dem unterhalb des Zugunterbrechers gelegenen Teil der Anlage gänzlich unabhängig macht, sondern einen gewissen Anteil an Steigdruck, der

---

[1]) Vergl. Fußnote Seite 54.

7

im oberen Teil erzeugt wird, auf den unteren Teil der Anlage zur Wirkung kommen läßt. Der Zugunterbrecher bewirkt also hier keine 100 proz. Unterbrechung der in beiden Teilen wirksamen Treibdrücke, sondern vermindert nur ihre gegenseitige Beeinflussung. Der Ausdruck Zugunterbrecher ist daher hier nicht ganz richtig, es sollte besser Zugminderer heißen. Aus der nachfolgenden Besprechung des Druckschaubildes werden die Verhältnisse noch deutlicher werden. Dieser Fall ist übrigens ein sehr lehrreiches Übungsbeispiel zum Studium der Strömungsverhältnisse und der dabei stattfindenden Energieumsätze.

Die Aufgabe besteht darin, mit Hilfe des Raumgewichtsschaubildes und des gemessenen und daher bekannten manometrischen Druckverlaufs den Strömungsvorgang erschöpfend darzustellen. Durch das Raumgewichtsschaubild wird der Verlauf der Grenzkurven bestimmt, die sich nach der auf S. 66 angegebenen Regel in das Druckschaubild einzeichnen lassen. Da der Druck an der Ausmündung Null ist, beginnt die obere linke Grenzkurve bei der Ausmündung auf der Null-Linie und endet am Zugunterbrecher bei — 1,53 mm WS (entsprechend dem Inhalt der Fläche $t—q—r—s$ des Raumgewichtsschaubildes). Die rechte obere Grenzkurve verläuft im Überdruckgebiet derart, daß der auf der Waagerechten gemessene Abstand von der linken Grenzkurve stets 1,53 mm WS beträgt.

Die rechte untere Grenzkurve beginnt unten auf der Null-Linie, weil der Druck der den Kessel umgebenden Luft Null ist. In Höhe des Brenners setzt die Steigkraft der Verbrennungsgase ein. Da in der rechten Kesselhälfte ein positiver Steigdruck von 0,375 mm WS (entsprechend der Fläche $w—m—n—v$ des Raumgewichtsschaubildes) erzeugt wird, liegt der dem Umkehrpunkt der Strömung entsprechende Punkt der rechten Grenzkurve bei 0,375 mm WS im Überdruckgebiet (höchster Grenzdruck an dieser Stelle). Bei dem folgenden fallenden Zug in der linken Kesselhälfte wird ein negativer Steigdruck von — 0,5 mm WS (entsprechend der Fläche $v—n—o—u$ des Raumgewichtsschaubildes) erzeugt, so daß der höchste Grenzdruck bei Kesselausgang 0,375 — 0,5 = — 0,125 mm WS wird. In dem anschließenden Stück der Abgasleitung bis zum Zugunterbrecher wird wieder ein positiver Steigdruck von 0,755 mm WS (entsprechend der Fläche $u—o—p—t$ des Raumgewichtsschaubildes) erzeugt, so daß die untere rechte Grenzkurve im Abstand — 0,125 + 0,755 = + 0,63 mm WS von der Null-Linie in Höhe des Zugunterbrechers endet. Damit ist die untere rechte Grenzkurve gefunden. Wenn nun die Zugunterbrechung 100proz. wirken würde, so daß die Abgase im Zugunterbrecher den Druck Null hätten, so müßte die linke untere Grenzkurve im Zugunterbrecher auf der Null-Linie anfangen und im stets gleichen Abstand von der rechten unteren Grenzkurve verlaufen. Dieser auf der Waagerechten gemessene Abstand würde unter diesen Bedingungen der Summe aller positiven und negativen Steigdrücke, also dem Wert + 0,375 — 0,5 + 0,755 = + 0,63 mm WS entsprechen. Nun zeigte sich aber bei der meßtechnischen Ermittlung des manometrischen Druckverlaufs, daß der manometrische Druck der Abgase im Zugunterbrecher wegen seiner unvollkommenen Wirkung nicht Null war, sondern — 0,37 mm WS betrug; das heißt aber nichts weiter, als daß der oberhalb des Zugunterbrechers gelegene Teil der Abgasleitung mit — 0,37 mm WS über die Zugunterbrechung hinaus auf den unteren Teil einwirkt, wodurch der untere Teil zusätzlich einem äußeren Druckunterschied von $\Delta p = 0,37$ mm WS ausgesetzt ist. Insgesamt kommen also im unteren Teil der Anlage folgende Treibdrücke zur Wirkung:

1. der aufstromfördernde Treibdruck $+ \Delta p = + 0,37$ mm WS
2. der positive Steigdruck in der Abgasleitung . . . . $+ p_{stg} = + 0,755$ » »
3. der negative Steigdruck in der linken Kesselhälfte . . . . $+ p_{stg} = - 0,500$ » »
4. der positive Steigdruck in der rechten Kesselhälfte . . . . $+ p_{stg} = + 0,375$ » »

Der wirksame Treibdruck im unteren Teil beträgt daher:

$$p_{wirk} = + \Delta p + \Sigma p_{stg} = + 0,37 + 0,755 - 0,500 + 0,375$$
$$= 1,00 \text{ mm WS.}$$

Bei der Festlegung der linken unteren Grenzkurve kann man nun so vorgehen, daß man sie entweder nach vorstehenden Ausführungen im Abstand von 1,0 mm WS (stets auf der Waagerechten gemessen) von der rechten Grenzkurve zeichnet, oder aber sie nach der auf S. 66 angegebenen Regel im Punkt — 0,37 mm WS in Höhe des

Zugunterbrechers beginnen läßt und ihren weiteren Verlauf nach unten mit Hilfe des Raumgewichtsschaubildes festlegt. Beide Wege führen natürlich zum gleichen Ergebnis.

Der manometrische Druckverlauf in der Anlage ist durch Messungen ermittelt und durch die dick ausgezogene Linie im Druckschaubild herausgehoben.

Es ergibt sich folgende Bilanz für den Strömungsvorgang im unteren Teil der Anlage:

Zur Verfügung stehender wirksamer Treibdruck 1,00 mm WS
  Davon wird verbraucht:

1. für den dyn. Druck $p_{1\,dyn}$ (errechnet aus der bekannten Geschwindigkeit von 1,36 m/s; s. unter Volumenschaubild) . $p_{1\,dyn} = 0,07$ » »

2. für die Überwindung des Eintrittswiderstandes der Verbrennungsluft in den Kessel . . . . $Z_e = 0,48$ » »

3. für die Überwindung des Austrittswiderstandes der Abgase beim Übergang vom Kessel in die Abgasleitung . . . . . $Z_a = 0,42$ » »

4. für die Rohrreibung in der Abgasleitung bis zum Zugunterbrecher (entspricht der Differenz zwischen niedrigstem Grenzdruck und manometrischem Druck bei Meßstelle 4)[1]) . . . . $R_1 = 0,03$ » »

Summe $= 1,00$ mm WS

Es ergibt sich weiter folgende Bilanz für den Strömungsvorgang im oberen Teil der Abgasleitung:

Zur Verfügung stehender wirksamer Treibdruck (Steigdruck). . . . . 1,53 mm WS
  Davon wird verbraucht:

1. für den dyn. Druck $p_{2\,dyn}$ (errechnet aus dem gesamten dyn. Druck von 0,335 mm WS — bei 2,7 m/s Geschwindigkeit —

---

[1]) Der Betrag für Rohrreibung läßt sich auch rechnerisch aus der Abgasgeschwindigkeit und der Rohrlänge berechnen. Hierdurch ist eine gegenseitige Kontrolle der Werte gegeben.

vermindert um den dyn. Druck $p_{1\,dyn}$ von
0,07 mm WS im unteren Teil) . . . . $p_{2\,dyn} = 0{,}26$ mm WS

2. für die Überwindung des Widerstandes im
Zugunterbrecher . . . . $Z_z\ \ = 0{,}61$ » »

3. für die Rohrreibung im oberen Teil der
Abgasleitung (entspricht der Differenz
zwischen niedrigstem Grenzdruck und
manometr. Druck bei Meßstelle 7[1]) . . $R_2\ \ = 0{,}29$ » »

4. zur Erzeugung des Unterdrucks im Zug-
unterbrecher . . . . $\varDelta p\ \ = 0{,}37$ » »

$$\text{Summe} = 1{,}53 \text{ mm WS}$$

Mechanische Leistungen.

Im oberen Teil der Abgasleitung erzeugte Steigleistung:

$$1{,}53 \text{ mm WS} \times \frac{265}{3600} \text{ m}^3/\text{s} = 0{,}113 \text{ mkg/s,}$$

davon an den unteren Teil der Anlage abgegebene Leistung:

$$0{,}37 \text{ mm WS} \times \frac{123}{3600} \text{ m}^3/\text{s} = 0{,}013 \text{ mkg/s.}$$

NB.: Bei 100 proz. Unterbrechung wäre dieser Betrag Null!
Bei den meisten Gasfeuerstätten ist das auch der Fall!

Im oberen Teil für Widerstände und Gasbeschleunigung verbraucht: 0,100 mkg/s.

Im unteren Teil erzeugte Steigleistung:

1. In der Abgasleitung vom Kessel bis Zugunterbrecher:

$$0{,}755 \text{ mm WS} \times \frac{125}{3600} \text{ m}^3/\text{s} = 0{,}026 \text{ mkg/s,}$$

2. in der rechten Kesselhälfte:

$$0{,}375 \text{ mm WS} \times \frac{275}{3600} \text{ m}^3/\text{s} = 0{,}029 \text{ mkg/s.}$$

Aus dem oberen Teil bezogene Leistung . . 0,013 mkg/s.

Dem unteren Teil zur Verfügung stehende Leistung . . . . 0,068 mkg/s.

---

[1] Der Betrag für Rohrreibung läßt sich auch rechnerisch aus der
Abgasgeschwindigkeit und der Rohrlänge berechnen. Hierdurch ist eine
gegenseitige Kontrolle der Werte gegeben.

Davon im unteren Teil verbrauchte Leistung:

1. durch negative Steigleistung in der linken
   Kesselhälfte:

   $$0,5 \text{ mm WS} \times \frac{160}{3600} \text{ m}^3/\text{s} \quad = 0,022 \text{ mkg/s.}$$

2. durch Widerstände und für Gasbeschleunigung . . . . $= 0,046$ mkg/s,

   Summe   0,068 mkg/s.

Schaubild für den manometrischen Druckverlauf.

In diesem Schaubilde ist allein der manometrische Druckverlauf
der Abgase in der bildlich unverzerrt gezeichneten Anlage dargestellt. Es ergibt sich folgender Druckverlauf: Vor der Lufteintrittsöffnung in den Kessel (Punkt *a*) ist der Druck Null; nach der Lufteintrittsöffnung (Punkt *b*) ist der manometrische Druck auf $- 0,55$ mm
WS gefallen, bleibt bis zur Verbrennungszone (Punkt *c*) konstant,
erhöht sich in der rechten Kesselhälfte bis zum Scheitelpunkt der
Strömung (Punkt *d*) bis auf $- 0,175$ mm WS und fällt in der linken
Kesselhälfte (fallender Zug) bis zum Kesselausgang (Punkt *e*) auf
$- 0,675$ mm WS, erleidet durch den Austrittswiderstand Z_a nochmals eine plötzliche Verringerung auf $- 1,095$ mm WS (Punkt *f*)
und steigt in der anschließenden Abgasleitung bis zum Zugunterbrecher (Punkt *g*) auf $- 0,37$ mm WS.

Im Teil oberhalb der Zugunterbrechung ist der manometrische
Druckverlauf folgender: Infolge der höheren Abgasgeschwindigkeit
in diesem Teil (Beschleunigung des Gases im Zugunterbrecher) und
infolge des besonders durch Wirbelung hervorgerufenen Widerstandes Z_z des Zugunterbrechers fällt der manometrische Druck in der
Zugunterbrechung von $- 0,37$ mm WS (Punkt *g*) auf $- 1,24$ mm WS
und erreicht dann in der oberen Ausmündung den Druck Null.

Schlußbetrachtung.

Würde man die in der Praxis geübte Methode der Zugmessung
auf diese Anlage anwenden, so müßte man etwa in der Abgasleitung
am Kesselausgang (Punkt *f* in der Skizze des zuletzt besprochenen
Schaubildes) die »Zugstärke« messen und würde dann als Zugstärke
den Wert 1,095 mm WS angeben. Man würde darunter verstehen,
daß die Abgasleitung mit 1,095 mm WS Saugung auf den Kessel

einwirkt. Wie verträgt sich diese Ansicht mit den erläuterten physikalischen Zusammenhängen bei diesem Strömungsvorgang? Es
wurde im Verlauf der Besprechung dieses Beispiels schon gesagt,
daß der wirksame Treibdruck in dem unterhalb der Zugunterbrechung
gelegenen Teil dieser Anlage 1,0 mm WS beträgt. Nun mag es ja
auf den ersten Blick so aussehen, als ob eine gute Übereinstimmung
zwischen Zugstärke und wirksamem Treibdruck vorhanden sei.
Diese ungefähre zahlenmäßige Übereinstimmung ist jedoch nur zufällig an dieser Meßstelle und in diesem Beispiel vorhanden; keineswegs aber allgemein. Würde man die Zugstärke im Sammelfuchs des
Kessels (Punkt *e* der Skizze) gemessen haben, so würde die Zugstärke nur 0,675 mm WS betragen haben. Man bekommt — wie
auch an früheren Beispielen gezeigt — je nach Lage der Meßstelle
durchaus verschiedene Zugstärken, während doch der wirksame
Treibdruck, also die Größe der Ursache für den Strömungsvorgang
bei einer Anlage stets unabhängig von der Lage der Meßstelle sein
muß. Zugstärke und Treibdruck sind eben Größen, die meßtechnisch
nicht direkt vergleichbar sind.

Es mag noch bemerkt werden, daß die kinetische Energie des
Heizgases beim Austritt aus dem Brenner in diesem Fall unberück-
sichtigt geblieben ist, obwohl bei Berücksichtigung aller Faktoren
auch diese Energiezufuhr in die Betrachtung hätte hineingezogen
werden müssen. Da der Einfluß nicht sehr bedeutend war und nur
schwer in die Gesamtbetrachtung hineingearbeitet werden konnte,
ohne an Übersichtlichkeit zu verlieren, wurde dieser Faktor vernachlässigt.

III. Teil.

Messungen zur Beurteilung der Arbeitsweise von Schornsteinen.

Aus den Ausführungen des I. und II. Teiles geht deutlich hervor, daß der unten im Schornstein herrschende Druck (bzw. Unterdruck) der Abgase gegenüber dem Druck der umgebenden Luft allgemein kein Maß für die Größe des Treibdrucks ist, der den Strömungsvorgang der Verbrennungserzeugnisse in den Feuerungsanlagen hervorruft und unterhält. Weil die »Zugstärke« nicht im ursächlichen Zusammenhang mit dem Treibdruck steht und je nach Art der Feuerstätte ganz verschieden ausfällt, kann diese Messung allgemein nicht als geeignete Methode zur Erkenntnis des in einer Feuerungsanlage sich abspielenden Strömungsvorgangs angesehen werden. Angaben von »Zugstärken« in Schornsteinen verschiedenartiger Feuerstätten können daher auch nicht als Vergleichsbasis für die Wirksamkeit der betreffenden Schornsteine dienen; derartige Betrachtungen sind oft direkt irreführend. Um die in einer Feuerungsanlage vorhandenen Strömungsverhältnisse zu kennzeichnen, ist folgendes erforderlich (vgl. dazu die Abb. 26, 27, 32, 33).

Die bauliche Anordnung der Feuerstätte und der Abgasleitung, insbesondere der gesamte Weg, den die Verbrennungsluft und die Verbrennungsgase in der Feuerungsanlage nehmen, muß in den Längen-, Breiten- und Höhenmaßen bekannt sein, ferner muß der Temperaturverlauf der Verbrennungsluft und der Verbrennungsgase vom Eintritt in die Feuerstätte bis zum Austritt aus dem Schornstein bekannt sein. Aus Temperatur und Zusammensetzung der Verbrennungserzeugnisse muß unter Beachtung des absoluten Druckes (Barometerstandes) das Raumgewicht des Verbrennungsgases an allen Stellen der Anlage bestimmt werden können. Mit Hilfe der so gefundenen Raumgewichtskurve der innerhalb der Anlage strömenden Verbrennungsgase und der Raumgewichtsgeraden der Umgebungsluft ist der in der Anlage wirkende Steigdruck zu ermitteln. Unter Beachtung etwaiger äußerer Druckunterschiede (äußerer Treibdrücke) sind dann die Grenzkurven festzulegen, deren gegenseitiger auf der Waagerechten gemessener Abstand das Maß des wirksamen Treibdruckes für den Strömungsvorgang in der Feuerungsanlage ist. Durch Messung des Druckunterschiedes (manometrischen Druckes), den die Gase im Innern der Anlage gegenüber dem Außendruck an den verschiedenen Stellen haben, ist der manometrische Druckverlauf innerhalb der Grenzkurven zu bestimmen.

Durch ein derartiges Schaubild wird der Strömungsvorgang in bezug auf Ursache, Ablauf, Widerständen usw. vollständig dargestellt. Auf dieser Grundlage ist eine einwandfreie Beurteilung des Strömungsvorgangs und auch ein Vergleich von Strömungsvorgängen bei verschiedenartigen Feuerungsanlagen möglich. Dazu bedarf es also folgender Bestimmungen:

A. Temperaturmessungen.
B. Berechnung des Raumgewichtes der Luft und der Verbrennungsgase.
C. Bestimmungen der Mengen von Verbrennungsluft und Verbrennungsgasen.
D. Messung des Druckunterschiedes, der zwischen verschiedenen Stellen in der Anlage und der Umgebung besteht.

Ferner sind noch folgende Messungen von Wichtigkeit:

E. Prüfung der Dichtheit der Anlage.
F. Prüfung der Kanäle auf freien Querschnitt.

III A. Temperaturmessungen.

Bei Feuerungsanlagen handelt es sich um Temperaturen, die zwischen -25^0 (z. B. Außenluft) und etwa 1500^0 (Temperatur im Feuerraum) liegen. Für Temperaturen bis 300^0 kommen gewöhnliche Quecksilberthermometer in Frage; bis 600^0 solche mit Gasfüllung (Stickstoff). Thermoelemente (in Verbindung mit Galvanometern) eignen sich für folgende Temperaturbereiche: Kupfer-Konstantan bis 350^0, Silber-Konstantan bis 650^0, Platin-Platinrhodium bis 1600^0. Für hier in Frage kommende Temperaturmessungen eignen sich auch besonders gut Widerstandsthermometer aus Platin (in Verbindung mit der Wheatestonschen Brücke oder einem Differentialgalvanometer), weil bei den Rauchgasen

meistens die mittlere Temperatur in einem Kanalquerschnitt bestimmt werden soll. Ferner sind Absaugepyrometer für die
Messung hoher Abgastemperaturen sehr geeignet.

Für Temperaturmessungen, die Anspruch auf angenäherte Rich-
tigkeit haben sollen, ist bei Temperaturen über etwa 100⁰ zur Ver-
minderung der Abstrahlung gegen die kältere Kanalwand eine Iso-
lierung an der Meßstelle um den Kanal (Rohr) anzubringen oder
das Meßgerät (Thermoelemente od. dgl.) mit einem im Rohr angebrachten Strahlungsschutz zu versehen. Je geringer außerdem die
Gasgeschwindigkeit im Kanal ist, desto größer ist die Gefahr einer
Falschmessung. Zur Bestimmung der mittleren Temperatur der
in einem Kanal strömenden Gase genügt keinesfalls die Messung an
nur einem Punkt (z. B. in der Mitte) des Querschnitts.

Besonders empfehlenswert ist bei der Vornahme von Temperaturmessungen die Beachtung der »Anleitung zu genauen techni-
schen Temperaturmessungen« von Knoblauch und Hencky (Verlag
Oldenbourg, München).

III B. Berechnung des Raumgewichtes der Luft und der Verbrennungsgase.

Bezeichnet b mm QS den absoluten Druck (Barometerstand),
t^0 die Temperatur, ferner γ' das Gewicht in g von 1 m³ gesättigtem
Wasserdampf bei der Temperatur t_L und φ die relative Feuchtigkeit
der Luft, so errechnet sich das Raumgewicht γ_L der feuchten Luft
aus folgender Gleichung:

$$\gamma_L = 1,293 \frac{b \cdot 273}{760 \,(273 + t_L)} - 0,000607 \cdot \gamma' \cdot \varphi \ \text{kg/m}^3.$$

Das Raumgewicht trockener Verbrennungsgase hängt ab
vom Kohlensäuregehalt. Ist $CO_{2\,max}\%$ der Kohlensäuregehalt der
Verbrennungsgase eines Brennstoffs bei Verbrennung ohne Luftüberschuß — $CO_{2\,max}$ ist eine Konstante, die für jeden Brennstoff
aus seiner Zusammensetzung berechnet werden kann — und ist
$CO_2\%$ der z. B. mit dem Orsatapparat gemessene Kohlensäuregehalt
der in einem Kanal strömenden Verbrennungsgase, die bei der Verbrennung des betreffenden Brennstoffes erzeugt werden, so errechnet
sich das Raumgewicht γ_{G_0} der trockenen Verbrennungsgase, bezogen

auf 0/760, d. h. von 1 Nm³, nach folgender Gleichung (vgl. »Grundlagen der Abgasabführung bei Gasfeuerstätten« von Schumacher):

$$\gamma_{G_0} = 1{,}293 + \frac{CO_2}{100}\left(0{,}713 - \frac{4{,}2}{CO_{2\,max}}\right) \text{ kg/Nm}^3.$$

Nachstehende Zahlentafel enthält die Werte von γ_{G_0} bei verschiedenem $CO_{2\,max}$ und CO_2.

Zahlentafel.

Raumgewichte in kg/Nm³ von trockenen Abgasen bei 0⁰/760.

CO_2 %

		0	2	4	6	8	10	12	14	16	18	20	22	24
	6	1,293	1,293	1,294	1,294									
	8	1,293	1,297	1,301	1,304	1,308								
	10	1,293	1,299	1,305	1,311	1,317	1,322							
	12	1,293	1,301	1,308	1,315	1,322	1,329	1,337						
	14	1,293	1,301	1,310	1,318	1,326	1,334	1,343	1,351					
	16	1,293	1,302	1,311	1,320	1,329	1,338	1,347	1,356	1,365				
	18	1,293	1,303	1,312	1,322	1,331	1,341	1,351	1,360	1,370	1,379			
	20	1,293	1,303	1,313	1,323	1,333	1,343	1,353	1,363	1,374	1,384	1,394		
	22	1,293	1,303	1,314	1,325	1,335	1,345	1,356	1,366	1,377	1,387	1,397	1,408	
	24	1,293	1,304	1,319	1,325	1,336	1,347	1,358	1,368	1,379	1,390	1,401	1,412	1,422

(leftmost label: $CO_{2\,max}$ %)

Bei der Temperatur t_G und dem absoluten Druck b mm QS ist das Raumgewicht γ_G der trockenen Verbrennungsgase:

$$\gamma_G = \frac{273}{273 + t_G} \cdot \frac{b}{760} \cdot \gamma_{G_0} \text{ kg/m}^3$$

$$\gamma_G = \frac{273}{273 + t_G} \cdot \frac{b}{760}\left\{1{,}293 + \frac{CO_2}{100}\left(0{,}713 - \frac{4{,}2}{CO_{2\,max}}\right)\right\} \text{ kg/m}^3.$$

Für solche Brennstoffe, deren Verbrennliches vorwiegend nur aus Kohlenstoff besteht (Koks, Anthrazit), kann vorstehende Gleichung benützt werden. Enthält jedoch ein Brennstoff auch Wasserstoff oder Kohlenwasserstoffe, so ist das aus ihnen gebildete Verbrennungswasser in Dampfform in den Verbrennungsprodukten mit enthalten, wir haben dann feuchte Verbrennungsgase. Da das Raumgewicht von Wasserdampf 0,8 kg/Nm³, also nur etwa 62% von dem der Luft beträgt, kann der Wasserdampfgehalt der Verbrennungsgase bei der Ermittlung ihres Raumgewichtes nicht vernachlässigt werden. Das Raumgewicht γ_{G_f} feuchter Abgase berechnet sich in der Weise, daß man das Gewicht G kg des um die Verbren-

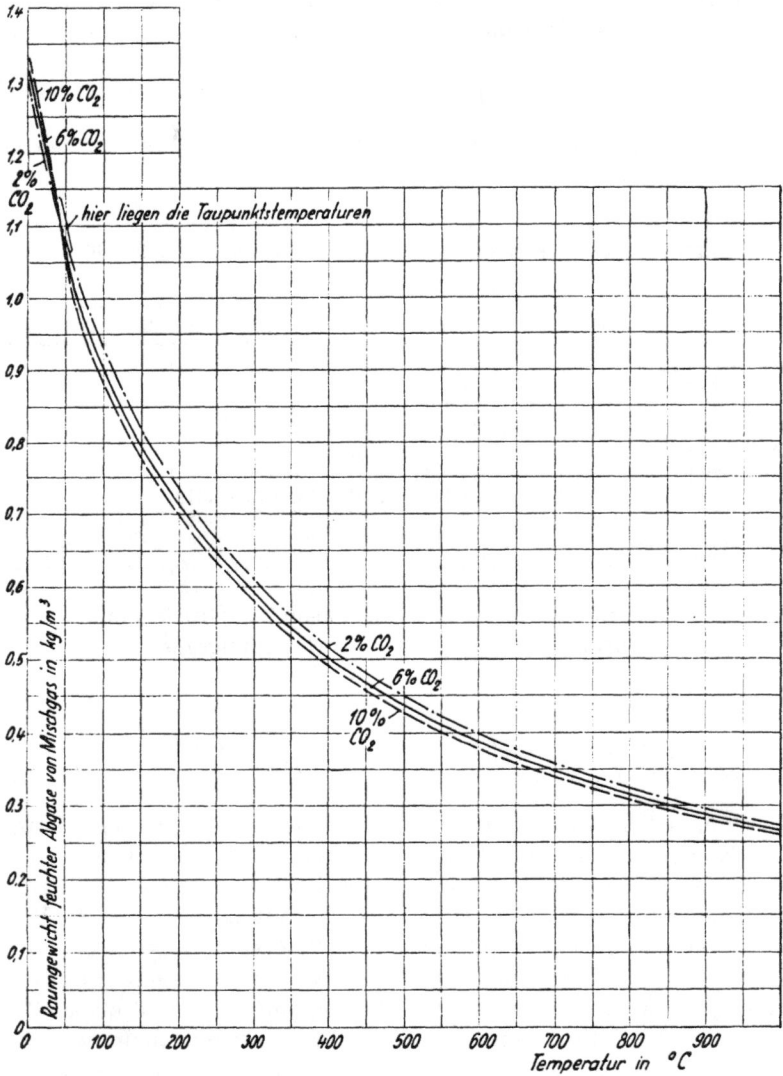

Abb. 34. Raumgewicht (kg/m³) feuchter Abgase von Stadtgas (Mischgas) bei verschiedenen Temperaturen.

nungsrückstände verminderten Brennstoffes $+ L$ kg der verbrauchten Verbrennungsluft dividiert durch das Volumen V_f m³ der daraus
entstandenen feuchten Abgase:

$$\gamma_{G_f} = \frac{G + L}{V_f} \text{ kg/m}^3.$$

Abb. 34 zeigt beispielsweise das Raumgewicht feuchter Abgase von
Stadtgas bei verschiedenen Temperaturen (bei 760 mm QS Druck).

III C. Bestimmung der Mengen von Verbrennungsluft und Verbrennungsgasen.

Die beim Betrieb einer Feuerstätte verbrauchten Verbren-
nungsluftmengen und die erzeugten Verbrennungsgasmengen kann
man in folgender Weise bestimmen:

1. Die mittlere Strömungsgeschwindigkeit wird in einem bekannten Querschnitt durch geeignete Meßgeräte, z. B. Staudoppelrohr, Anemometer, Falk-Flügel, Bonin-Ventil[1]), gemessen;
   mittlere Strömungsgeschwindigkeit m/s mal Querschnittsfläche m² ergibt dann das in der Zeiteinheit durch den betreffenden Querschnitt strömende Volumen. Wegen der oft
   geringen Strömungsgeschwindigkeiten, die bei Feuerungsanlagen vorliegen, läßt sich die Meßmethode mit Staurohr
   nicht immer anwenden.

---

[1]) Der Falcksche Apparat besteht im wesentlichen aus einem Flügel
schräggestellter Glimmerplatten, der an einem 0,15 mm starken Draht
im Rauchgasstrom hängt. Die Verdrehung des Drahtes infolge der kinetischen Energie der Gase wird als Maß für die durchgehende Menge aus-
gewertet. Angestellte Vergleiche zwischen den Ergebnissen von Trocken-
gasmesser, Falck-Flügel und Rechnung ergeben Differenzen von 3 bis
25% zwischen Falck-Flügel und Analyse. Die Unterschiede werden als
unzulässig hoch bezeichnet.

Für Zimmeröfen sind Rauchgasmenge und Zusammensetzung wich-
tigere Daten als für Dampfkessel, weil sich bei ersteren die Nutzleistung
nur indirekt aus den Verlusten ermitteln läßt. Aus diesem Grunde be-
müht sich Dr.-Ing. Pohl ebenfalls um die einwandfreien Angaben obiger
Größen. Er weist auf die hohe über 25% betragende Abweichung des aus
der Analyse errechneten Wertes von der Mengenmessung hin und gibt
als Ursache Mängel in der Mittelwertbildung bei der Verbrennungsrech-
nung an, sobald der CO_2-Gehalt veränderlich ist. Auf Grund dieser Er-

2. Aus dem Druckunterschied, den man an einer Einschnürungsstelle (Staurand) feststellt, läßt sich die Strömungsgeschwindigkeit errechnen. Durch Multiplikation der Strömungsgeschwindigkeit mit dem freien Querschnitt an der engsten Stelle der
Einschnürungsstelle ergibt sich das in der Zeiteinheit durchströmende Volumen. Diese Meßmethode läßt sich wegen
der geringen Strömungsgeschwindigkeit oder wegen des hohen
Widerstandes, den eine starke Einschnürung verursachen
würde, vielfach nicht anwenden.

3. Aus dem Brennstoffverbrauch, der bekannten Brennstoffzusammensetzung und dem Kohlensäuregehalt der Verbrennungsgase läßt sich der Verbrennungsluftverbrauch und die
erzeugte Verbrennungsgasmenge errechnen. Diese Methode
ist gewöhnlich bei konstanten Verhältnissen, z. B. bei Gasfeuerungsanlagen, die genaueste; bei Feuerungen mit festen
Brennstoffen bewährt sich diese Methode wegen der ständigen Veränderungen in der Verbrennung oft nicht. Der
Brennstoffverbrauch wird bei gasförmigen Brennstoffen am
besten mittels Gasmesser gemessen, bei festen Brennstoffen
durch Wägung bestimmt. Bei kleineren Feuerstätten (Zimmerheizöfen) kann der Brennstoffverbrauch oder der stündliche Abbrand zweckmäßig in der Weise festgestellt werden,
daß man die ganze Feuerstätte auf eine Waage stellt und die
Gewichtsveränderungen notiert. Der CO_2-Gehalt der Verbrennungsgase wird mittels Orsatapparates gemessen; dabei ist

---

fahrung ist von Dr.-Ing. Pohl eine Methode ausgearbeitet worden, nach
welcher die Angabe eines richtigen Analysenmittelwertes möglich ist. Zur
Kontrolle des Verfahrens dient ein Vergleich mit Versuchsresultaten vom
Falck-Flügel und Bonin-Ventil. Letzteres ist ein von Prof. Dr.-Ing. Bonin
entwickeltes Gerät für direkte Mengenbestimmung, das durch ein feder-
belastetes Ventil in der Rauchgasleitung gekennzeichnet ist. Die Gasmenge
ist dem Ventilhub proportional. Der Widerstand des Instrumentes beträgt
0,2 mm WS.

Angestellte Vergleichsversuche ergaben nur einen Unterschied von
1% in den Ergebnissen nach Bonin-Ventil, Falck-Flügel und Rechnung
mit den korrigierten Mittelwerten.

Vgl. Aufsatz von Pohl: »Über Messung von Rauchgasmengen und
ihre Berechnung aus der Brennstoff- und Rauchgas-Analyse« im Gesund-
heits-Ingenieur vom 7. 7. 1928 u. ff.

große Sorgfalt auf die Ermittlung des mittleren CO_2-Gehaltes zu verwenden; man muß deshalb die Abgase an verschiedenen Stellen des Kanalquerschnitts absaugen.

IIID. Messungen des Druckunterschiedes zwischen verschiedenen Stellen in der Anlage und der Umgebung.

Um den Druckunterschied festzustellen, den die Gase in einer Feuerungsanlage gegenüber der ruhenden Atmosphäre an einer Stelle haben, durchbohrt man die Wandung, führt durch die Öffnung ein geeignetes dünnes Rohr aus Glas, Quarz oder Porzellan bis in den Kanal, und zwar so, daß die Achse des Meßrohres senkrecht zur Achse des Kanales steht, und verbindet das herausragende Rohrende durch einen Schlauch mit dem Meßgerät. Ist die Gasgeschwindigkeit im Kanal gering (etwa kleiner als 0,5 m/s), so genügt es, wenn zur Feststellung des statischen Druckes das in den Kanal hineinragende Rohrende stumpf abgeschnitten ist. Bei größerer Geschwindigkeit muß das Rohrende gegen die Einwirkungen der Strömung geschützt sein, da sonst ganz bedeutende Fehler in der Messung eintreten können. Das hineinragende Rohrende wird in solchen Fällen T förmig ausgebildet; das vorn und hinten geschlossene Querrohr ist stromlinienförmig oder tropfenförmig auszubilden und an der Längsseite mit Löchern von etwa 1 mm Durchm. zu versehen, durch die der statische Druck des Gases in das Rohrinnere übertragen wird. Die Achse des Querrohres muß sich mit der Strömungsrichtung decken. Zur Messung des statischen Druckes kann man sich auch vorteilhaft des Prandtlschen Staugerätes bedienen. Die Druckmessung ist nicht nur in der Mitte, sondern an verschiedenen Stellen des betreffenden Kanalquerschnittes vorzunehmen.

Befinden sich Druckentnahmestelle und Meßgerät nicht in gleicher Höhe, und ist im Verbindungsschlauch bzw. -rohr zwischen Druckentnahmestelle und Meßgerät Gas oder Luft, dessen Raumgewicht von dem der Umgebungsluft abweicht, so wird durch den im Verbindungsschlauch wirkenden Steig- oder Falldruck das Meßergebnis gefälscht. Um sicher zu gehen, verlegt man deshalb den Verbindungsschlauch od. dgl. möglichst waagrecht. Bei senkrecht liegendem Schlauch muß eine Erwärmung des Schlauchinhalts durch Wärmestrahlung oder -leitung von außen verhindert werden.

Als Anzeigegerät verwendet man Druckmesser mit schwenkbarem Arm und evtl. Alkoholfüllung; für sehr genaue Messungen eignet sich das Wassersäulenminimeter der Askaniawerke, Berlin, als Registriergerät die Druckschreiber der Union-Apparatebaugesellschaft, Karlsruhe.

III E. Prüfung der Dichtheit der Anlage.

Liegt Beharrungszustand vor, so kann man die Dichtheit einer Feuerungsanlage am besten durch CO_2-Messungen der strömenden Verbrennungsgase an verschiedenen Stellen der Anlage prüfen. Ist der CO_2-Gehalt an allen Stellen gleich, so ist die Anlage dicht. Anderenfalls lassen sich aus den Veränderungen des CO_2-Gehaltes die undichten Stellen bestimmen. Diese Methode ist jedoch nur brauchbar, wenn die Verbrennungsgase Unterdruck haben. Stehen die Verbrennungsgase aber unter Überdruck, wie z. B. in den meisten Gasfeuerstätten, und sind Undichtheiten vorhanden, so treten Verbrennungsgase aus. Das Austreten kann man bei feuchten Abgasen (z. B. solchen von Gasfeuerstätten) mittels der Tauplattenmethode feststellen; sie beruht darauf, daß eine kalte Glasplatte sich bei Auftreffen von feuchten Abgasen beschlägt.

Eine andere Methode zur Bestimmung der Dichtheit von Abgasleitungen und Schornsteinen ist die Rauchprobe; sie besteht darin, daß man ein stark rauchendes Feuer (nasses Sägemehl) unten im Schornstein macht und den Schornstein oben abdeckt, nachdem der Rauch alle Teile der Anlage angefüllt hat. Man beobachtet dann, wo die unter Überdruck stehenden Rauchgase evtl. austreten.

III F. Prüfung der Kanäle auf freien Querschnitt.

Handelt es sich um senkrechte ins Freie mündende und oben offene Kanäle, so kann man mittels Spiegel, der am Fuße des Kanals in diesen hineingehalten wird, feststellen, ob der Kanal nicht verlegt ist. Es spiegelt sich bei nicht verstopften Kanälen der helle Himmel im Spiegel wider. Will man feststellen, ob im Kanal an allen Stellen ein bestimmter lichter Querschnitt nicht unterschritten wird, so zieht man durch den Kanal einen entsprechend geformten Körper von bestimmter Querschnittsfläche.

IV. Teil.

Verschiedene Zusammenhänge.

IV A. Einfluß der Höhenlage des Standortes eines Schornsteines über Meeresspiegel.

Die Ursache für das Arbeiten eines Schornsteines ist der Unterschied in den Raumgewichten der umgebenden Luft und der im Schornstein befindlichen Abgase. Da das Raumgewicht der Luft mit zunehmender Entfernung von der Erdoberfläche abnimmt, ist die Höhenlage des Standortes eines Schornsteines über Meeresspiegel von Einfluß auf das Arbeiten des Schornsteines.

Bezeichnet:

γ_{L_0} kg/m³ das Raumgewicht der Luft in Höhe des Meeresspiegels,

x km   die Höhe des Standortes über Meeresspiegel,

γ_{L_x} kg/m³ das Raumgewicht der Luft in x km Höhe über dem Meeresspiegel,

so besteht folgender Zusammenhang:

$$\gamma_{L_x} = \gamma_{L_0} \cdot \left\{ 1 - \frac{6,5 \cdot x}{288} \right\}^{4,26} \text{ kg/m}^3.$$

In dieser Formel[1]) ist $\gamma_{L_0} = 1{,}225$ kg/m³ (Luft von 760 mm QS, 15° C, 80% relative Feuchtigkeit). Zahlenmäßig ist demnach:

bei Höhen über Meeresspiegel von	0	500	1000	1500	2000 m
das Raumgewicht der Luft	1,225	1,168	1,111	1,056	1,001 kg/m³
also Abnahme	0	4,65	9,3	13,8	18,3 vH.

---

[1]) Cina-Formel. Siehe Z. VDI Nr. 39 v. 30. 9. 33, S. 1073.

Bei den verhältnismäßig geringen Höhenlagen, die für Schornsteine in Frage kommen (bis etwa 2000 m), kann man ohne merklichen Fehler die Raumgewichtsabnahme proportional der Höhe setzen nach folgender einfacheren Formel:

$$\gamma_{Lx} = (1{,}225 - 0{,}113 \cdot x) \text{ kg/m}^3 \quad (x \text{ in km!})$$

Für die Verbrennung eines gewissen Brennstoffgewichtes ist ausschlaggebend das Gewicht der zugeführten Verbrennungsluftmenge (kg Sauerstoff!), nicht ihr Volumen; das gleiche gilt auch für die Verbrennungsgasmenge. Werden G kg/h Luft zur Verbrennung einer gewissen Brennstoffmenge verbraucht, so gilt für die entsprechenden Luftvolumen Q m³/h die Beziehung:

$$G = Q_0 \cdot \gamma_{L_0} = Q_x \cdot \gamma_{Lx} \text{ kg/h}$$

$$Q_x = Q_0 \left(\frac{\gamma_{L_0}}{\gamma_{Lx}} \right) \text{ m}^3/\text{h}.$$

Q_0, γ_{L_0} sind die Werte in Höhe des Meeresspiegels, Q_x, Q_{Lx} die Werte in x km Höhe über dem Meeresspiegel. Unter sonst gleichen Verhältnissen steigt also das erforderliche Luftvolumen im umgekehrten Verhältnis der Raumgewichte. Die letzte Gleichung kann auch in folgende Form gebracht werden:

$$Q_x = Q_0 \frac{1{,}225}{1{,}225 - 0{,}113 \, x} \text{ m}^3/\text{h}$$

$$Q_x = \frac{Q_0}{1 - 0{,}092 \, x} \text{ m}^3/\text{h}.$$

In dem Ausdruck für den Steigdruck $p_{stg} = h (\gamma_L - \gamma_G)$ mm WS kann — bei gleicher Temperatur und gleichem Druck — für das Raumgewicht γ_G kg/m³ der Abgase angenähert gesetzt werden: $\gamma_G = a \cdot \gamma_L$, wobei

$a = 1{,}04$ für trockene Brennstoffe (Koks, Steinkohle),

$a = 0{,}98$ für sehr feuchte Brennstoffe (erdige Braunkohle).

Dann ergibt sich für den Steigdruck folgende Gleichung, wenn man noch für γ_{L_0} den Wert $\gamma_{L_0} = 1{,}225$ kg/m³ (760 mm QS, 15⁰ C) einsetzt:

$$\left. \begin{aligned} p_{stg_0} &= h_0 \left\{ 1{,}225 \, \frac{288}{T_L} - a \cdot 1{,}225 \, \frac{288}{T_G} \right\} \\ p_{stg_0} &= h_0 \cdot 1{,}225 \left\{ 288 \left(1/T_L - a/T_G \right) \right\} \text{ mm WS} \end{aligned} \right\} \quad \dots \ (1)$$

In x km Höhe über dem Meeresspiegel gilt die entsprechende Gleichung:

$$p_{stg_x} = h_x\,(1{,}225 - 0{,}113\,x)\,\{288\,(1/T_L - a/T_G)\}\ \text{mm WS}\quad . \ (2)$$

Die beiden Gleichungen kann man nach folgenden Gesichtspunkten vereinigen:

a) bei gleicher Schornsteinhöhe ($h_0 = h_x$) ist

$$p_{stg_x} = p_{stg_0} \cdot \frac{1{,}225 - 0{,}113\,x}{1{,}225}$$
$$= p_{stg_0}\,(1 - 0{,}092\,x) = p_{stg_0} \cdot \left(\frac{\gamma_{Lx}}{\gamma_{L_0}}\right)\ \text{mm WS}.$$

Bei gleicher Schornsteinhöhe ist also der im Schornstein erzeugte Steigdruck um so geringer, je höher der Standort des Schornsteines über dem Meeresspiegel liegt. Auf je 109 m Erhöhung über dem Meeresspiegel ergibt sich — bei gleicher Schornsteinhöhe und sonst gleichen Verhältnissen — eine Abnahme des Steigdrucks um 1 vH.

b) bei gleichem Steigdruck ($p_{stg_0} = p_{stg_x}$) ist

$$h_x = h_0\,\frac{1{,}225}{1{,}225 - 0{,}113\,x} = h_0\left(\frac{\gamma_{L_0}}{\gamma_{Lx}}\right)\text{m}.$$

Zur Erzeugung des gleichen Steigdrucks muß also die Höhe des Schornsteines mit dem höheren Standort über dem Meeresspiegel größer sein. Auf je 109 m Höhenlage über dem Meeresspiegel muß die Schornsteinhöhe um 1 vH. größer gemacht werden.

Da zur Verbrennung eines gewissen Brennstoffgewichts (kg) ein gewisses Luftgewicht G kg erforderlich ist, muß bei dem höher gelegenen Schornstein ein größeres Luft- bzw. Verbrennungsgasvolumen in der Zeiteinheit durch die Feuerungsanlage strömen; dadurch werden aber die Strömungswiderstände größer, weil diese zwar mit dem Raumgewicht der Abgase abnehmen, aber zugleich quadratisch mit der Geschwindigkeit bzw. dem stündlichen Volumen Q zunehmen. Es besteht nach der allgemeinen Formel

$$Z = \zeta \cdot \frac{w^2}{2} \cdot \frac{\gamma}{g}\ \text{mm WS folgender Zusammenhang:}$$

8*

$$p_{stg_0} = A \cdot Q_0^2 \cdot \gamma_{L_0} \Big\} \quad \text{worin} \quad A = \frac{\zeta}{2\,g} \cdot \frac{1}{F^2 \cdot 3600^2}.$$
$$p_{stg_r} = A \cdot Q_x^2 \cdot \gamma_{L_r} \Big\}$$

Aus diesen beiden Gleichungen errechnet sich die erforderliche größere Schornsteinhöhe des Schornsteines mit dem höheren Standort über dem Meeresspiegel in folgender Weise: Setzt man nach der Gleichung für das Luftgewicht $G = Q_0 \cdot \gamma_{L_0} = Q_x \cdot \gamma_{L_x}$ kg/h für $Q_0^2 = G^2/\gamma_{L_0}^2$ und für $Q_x^2 = G^2/\gamma_{L_x}^2$, so ergibt sich zunächst die schon bekannte Gleichung:

$$p_{stg_r} = p_{stg_0} \cdot \left(\frac{\gamma_{L_0}}{\gamma_{L_x}}\right) \text{ mm WS.}$$

Setzt man ferner in diese Gleichung für

und für
$$p_{stg_0} = h_0 \cdot \gamma_{L_0} \cdot 288\,(1/T_L - a/T_G) \Big\} \text{ nach einer früheren}$$
$$p_{stg_r} = h_x \cdot \gamma_{L_r} \cdot 288\,(1/T_L - a/T_G) \Big\} \quad \text{Gleichung}$$

so ist

$$h_r \cdot \gamma_{L_r} = h_0 \cdot \gamma_{L_0} \cdot \left(\frac{\gamma_{L_0}}{\gamma_{L_r}}\right)$$

$$h_r = h_0 \left(\frac{\gamma_{L_0}}{\gamma_{L_r}}\right)^2 = h_0 \cdot \left(\frac{1,225}{1,225 - 0,113\,x}\right)^2 \text{ m.}$$

Bei gleichem Brennstoffverbrauch der Feuerung muß also der Schornstein mit dem höheren Standort um so viel höher als der in Meeresspiegelhöhe aufgestellte Schornstein gebaut werden, wie sich nach dem Quadrat des Verhältnisses der Raumgewichte der Luft an den beiden Standorten ergibt. Das heißt:

in	0 m	Höhe über dem Meeresspiegel um				0 vH.	höher	
»	500 »	»	»	»	»	»	10,0 »	»
»	1000 »	»	»	»	»	»	21,5 »	»
»	1500 »	»	»	»	»	»	34,5 »	»
»	2000 »	»	»	»	»	»	50,0 »	»

Beispiel: In einer Feuerungsanlage werden 10 kg/h Koks verbrannt, wozu bei 50 vH. Luftüberschuß 150 kg/h Verbrennungsluft erforderlich sind. Die Anlage erfordert bei Aufstellung in Höhe des Meeresspiegels einen Schornstein von 20 m Höhe. Welche Verhältnisse ergeben sich bei Aufstellung der gleichen Anlage in größeren Höhenlagen?

Höhe über Meeres-spiegel m	0	500	1000	1500	2000
Brennstoffverbrauch kg/h	10	10	10	10	10
Raumgew. der Luft kg/m³	1,225	1,168	1,111	1,056	1,001
Verbrennungs-luftverbrauch:					
gewichtsmäßig kg/h	150	150	150	150	150
volumenmäßig m³/h	122,5	128,4	135	142	150
Mehrverbrauch vH.	0	4,8	10,2	15,9	22,4
Verringerung d. Steig-drucks, wenn Schorn-steinhöhe 20 m wäre vH.	0	4,6	9,3	13,8	18,3
Erforderl. Schorn-steinhöhe bei gleich guter Arbeitsweise d.					
Feuerung m	20	22	24,3	26,9	30
Erhöhung um vH.	0	10	21,5	34,5	50

IV B. Einfluß der Abkühlung der Abgase im Schornstein.

Die Abkühlung der Abgase im Schornstein ist von der Bauart und Größe des Schornsteins, von der Temperaturdifferenz zwischen Abgasen und Umgebungsluft und von der in der Zeiteinheit durch den Schornstein strömenden Abgasmenge abhängig. Für den Beharrungszustand gilt folgende Beziehung:

1. $dJ = Q \cdot C_p \cdot dt_G$ kcal/h,

2. $dJ = dF \cdot k \cdot (t_G - t_L)$ kcal/h.

Hierin bezeichnet:

dJ die Änderung des Wärmeinhalts der Abgase,

Q m³/h   das stündl. durchströmende Abgasvolumen,

C_p kcal/m³ °C   die spez. Wärme von 1 m³ Abgas,

F m²   die Oberfläche des Schornsteins,

k kcal/m² h °C   die Wärmedurchgangszahl.

Durch die Vereinigung beider Gleichungen ergibt sich:

$$\ln \frac{t_{G_a} - t_L}{t_{G_e} - t_L} = F \frac{k}{Q \cdot C_p} \text{ °C.}$$

t_{G_a} bzw. t_{G_e} ist die Abgastemperatur am Anfang bzw. am Ende des Schornsteins. Für $Q \cdot C_p$ kann man auch $G \cdot c_p$ setzen, wobei G kg/h das stündl. durchströmende Abgasgewicht und c_p kcal/kg °C die spez. Wärme von 1 kg Abgas ist.

Der Temperaturverlauf im Schornstein läßt sich nach obiger Gleichung nur von Fall zu Fall berechnen, wenn die erforderlichen Daten bekannt sind. Um jedoch eine Anschauung zu gewinnen, seien für einige durchschnittliche praktische Fälle von industriellen Schornsteinanlagen Angaben gemacht. Der Wert $G \cdot c_p$ bzw. $Q \cdot C_p$ (= Wärmewert der in der Stunde durchströmenden Gase) hängt von der Betriebsweise und besonders von der Betriebsstärke der Feuerung ab; F und k von der Bauart des Schornsteines.

Man kann bei der regelrechten vollen Beanspruchung eines Industrieschornsteines den Wert $G \cdot c_p$ nach folgender Erfahrungs-formel einschätzen:

$$G \cdot c_p = 35 \cdot h \cdot D^2 \text{ kg/h} \cdot \text{kcal/kg} \cdot \text{°C} = \text{kcal/h} \cdot \text{°C,}$$

wobei c_p mit 0,25 angesetzt ist. h m ist die Schornsteinhöhe, D m der lichte Schornsteindurchmesser.

k kann für Ziegelschornsteine mit 2,5 bis 2,0 für kleine, 1,5 für mittlere und 1,0 für größte Schornsteine angenommen werden. Für Eisenschornsteine ist k etwa 7 zu setzen. Mit diesen Annahmen ergibt sich für industrielle Schornsteine folgende Zusammenstellung:

Schornstein-größe $h \cdot D_0$	Außen-fläche F m²	k kcal/m² h °	$G \cdot c_p$ für vollen Betrieb kcal/h °C	t_{G_e}/t_{G_a} voller Betrieb	halber	viertel
		Normale Ziegelschornsteine:				
35 × 1,0	190	2,0	1 225	0,73	0,54	—
70 × 3,0	1 150	1,4	21 000	0,93	0,86	0,73
100 × 5,0	2 750	1,0	87 500	0,97	0,94	0,88
		Ungefütterte Eisenschornsteine:				
35 × 1,0	110	7,0	1 225	0,54	0,29	—
70 × 3,0	670	7,0	21 000	0,80	0,63	0,41
100 × 5,0	1 600	7,0	87 500	0,88	0,77	0,60

Für Abgasleitungen von häuslichen Gasfeuerstätten wurden folgende Werte gefunden[1]): (Versuchsbedingungen: abgelesener Stadtgasverbrauch der Gasfeuerstätte etwa 6,6 m³/h, Abgastemperatur bei Eintritt in den Schornstein etwa 150⁰ C.)

Zahlentafel.

Baustoff	Abmessungen in cm		Gewicht des Schornsteins G kg/m	spez. Wärme c	Wärmekapazität $G \cdot c$ kcal/⁰C m	Abgasgeschw.	k
	innen	außen				m/s	
Eisenblechrohr (rund)	13	13,1	2,09	0,115	0,24	2,34	5,5
Doppelwand. Isolierrohr v. Askania (rund)	13	16	5,33	0,115	0,62	1,89	2,26
Holzrohr (vierkant)	13,5/14	17/18	6,04	0,650	3,92	1,47	2,85
Asbestzementrohr (rund)	13	14,5—15,5	7,12	0,2	1,42	1,90	5,1
Desgl. (vierkant)	11/15	12,5/16,5	5,95	0,2	1,19	1,62	4,73
Muskauer Tonrohr (vierkant)	12,8/12,8	17,5/17,5	25,0	0,2	5,0	1,51	4,9
Schamotte-Tonrohr (vierkant) vollwandig	9/16,5	13/20	22.2	0,2	4,44	1,7	5,37
doppelwandig mit Luftisolation	10/12,5	15,8/18,5	21,9	0,2	4,38	1,68	3,25

Die angegebenen Werte gelten für den Beharrungszustand des Schornsteines, dessen Erreichung um so mehr Zeit erfordert, je größer seine zu erwärmende Masse ist. Gefütterte Eisen- und Eisenbetonschornsteine stehen je nach dem Grade ihrer Fütterung oder ihrer Gesamtwandstärke zwischen dem Ziegel- und reinen Eisenschornstein.

Infolge der Abkühlung der Abgase ist natürlich der im Schornstein erzeugte Steigdruck kleiner, als er bei dem wärmeundurchlässigen Idealschornstein sein würde. Diese Verhältnisse sind bereits an Hand der Abb. 12 bis 17 besprochen, wo auch zugleich die allgemeine graphische Methode der Ermittlung des Steigdrucks bei zu-

---

[1]) Vgl.: »Wärme- und strömungstechnisches Verhalten verschiedener Abgasrohre« von Dr. Schumacher. »Technische Monatsblätter für Gasverwendung«, Heft 4 v. Dezember 1931. — Weitere Angaben folgen im 2. Band dieses Buches.

nehmendem Raumgewicht der Abgase nach der Schornsteinmündung hin klargelegt wurde.[1]) Bei industriellen Schornsteinen kann als mittlere Abgastemperatur der Wert $1/2\,(t_{G_a} + t_{G_e})$ angenommen werden. Diese Mitteltemperatur ist immer niedriger als die wirkliche Durchschnittstemperatur.

Die Abkühlung der Abgase spielt bei großen Anlagen keine erhebliche Rolle, während bei kleinen und schwach betriebenen Anlagen der Einfluß bedeutend sein kann. Bei schwachem Betrieb der gleichen Feuerungsanlage ist allerdings auch der benötigte Steigdruck geringer, so daß sich dies zum Teil ausgleicht.

Starke Undichtheiten (Rißbildungen) bei Schornsteinen können durch Eintritt von Falschluft zu den Abgasen ebenfalls die Abgas-

---

[1]) Bei abnehmender Temperatur bzw. zunehmendem Raumgewicht der Abgase im Schornstein wird der erzeugte Steigdruck $p_{stg} = \int (\gamma_L - \gamma_G) \cdot dh$ nach folgender Gleichung berechnet:

$$p_{stg} = \frac{a \cdot 1{,}293 \cdot 273}{T_L} \left\{ \frac{Q \cdot C_p}{D \cdot \pi \cdot k} \ln \frac{T_{G_a}}{T_{G_e}} - h \left(1 - \frac{1}{a}\right) \right\} \text{ mm WS}$$

Hierin ist $a = 1{,}04$ für trockene Brennstoffe (Koks, Steinkohle)
$a = 0{,}98$ für sehr feuchte Brennstoffe (erdige Braunkohle).

Vorstehende Formel ist beispielsweise auf einen Blechschornstein angewendet; Annahmen: $h = 35$ m; $D = 1$ m; $k = 7$ kcal/m²h·°C; $t_{G_a} = 250$ °C; $t_L = 15$ °C; $a = 1{,}04$. $G \cdot c_p$ steigend bis 2000. Die Ergebnisse sind durch untenstehende Schaubilder dargestellt.

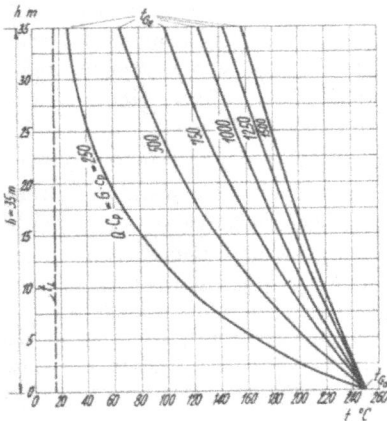

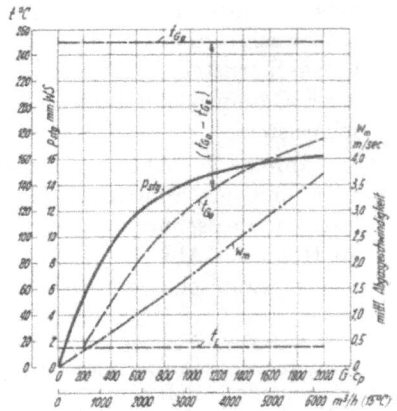

temperatur und dadurch den Steigdruck herabsetzen. Undichte Wangen im Schornstein bewirken außerdem öfters eine Zirkulationsbewegung der Abgase in den Schornsteinkanälen.

IV C. Einfluß der Strömungswiderstände.

Der durch Raumgewichtsunterschiede im Schornstein erzeugte Steigdruck wird zur Erzeugung der Abgasgeschwindigkeit bzw. des dynamischen Drucks p_{dy} und zur Überwindung von Strömungswiderständen verbraucht. Der Anteil an Steigdruck, der sich in dynamischen Druck umsetzt, ist meist gering (bei häuslichen Feuerungsanlagen mit festen Brennstoffen verschwindend gering), der überwiegende Anteil des Steigdrucks wird zur Überwindung von Strömungswiderständen verbraucht. Die Strömungswiderstände sind Einzelwiderstände und Rohrreibung, von denen die Einzelwiderstände wieder den Hauptteil ausmachen; die Rohrreibung kann vielfach ganz vernachlässigt werden. Einzelwiderstände bestehen z. B. in folgendem: wenig geöffnete Aschenfalltüren, die Brennstoffschichten, Rohrbündel bei Dampfkessel- und Speisewasservorwärmern oder allgemein die Wärmeaustauschflächen in den Feuerstätten, ferner wenig geöffnete Abgasschieber, plötzliche Verengungen und Richtungsänderungen von Abgaskanälen usw. Diese Einzelwiderstände sind in ihrer Art so verschieden, daß sie sich der Berechnung meist entziehen $\left(Z = \zeta \, \dfrac{w^2}{2} \cdot \dfrac{\gamma}{g} \, \text{mm WS} \right)$. Man ist daher oft ganz auf den Versuch angewiesen und muß sich an ausgeführten Anlagen die Erfahrungswerte sammeln, die zur Ermittlung der für die verschiedenen Feuerstätten benötigten Steigdrücke führen. Sind diese bekannt, so kann danach die erforderliche Größe des Schornsteins berechnet werden. Lage und Größe der Einzelwiderstände in Feuerungsanlagen sind ferner maßgebend für den manometrischen Druckverlauf der Verbrennungs- und Abgase.

Die Rohrreibung R_s mm WS/m hängt von der Rauhigkeit der Wand, der Strömungsgeschwindigkeit und dem Kanaldurchmesser ab. »Rietschel« gibt für zylindrische Rohre folgende Formel an:

$$R_s = 5{,}66 \, \frac{w^{1{,}924}}{d^{1{,}281}} \cdot \gamma^{0{,}852} \, \text{mm WS Reibung je m Rohrlänge.}$$

(d hier in mm einsetzen!) Die hiernach berechneten Werte gelten für Blechrohre; für gemauerte Kanäle sind sie etwa zu verdoppeln.

Man rechnet aber vielfach auch nach folgender Formel (vgl. Hütte, 25. Aufl., Bd. 1, S. 350):

$$R = \lambda \frac{w^2}{2} \cdot \frac{\gamma}{g} \cdot \frac{l}{D} = \lambda\, p_{dv} \cdot l/D \text{ mm WS}$$

Gesamtreibung im l m langen zylindrischen Kanal von D m Durchm., wobei

$$\lambda = 0{,}01\ (k/D)^{0.314}$$

und

$k = 1{,}5$ für glattes Metallrohr,
$\quad = 5$ » älteres angerostetes Eisenrohr,
$\quad = 10$ » Ziegelmauerwerk.

Werte für λ.

D m	0,3	0,6	1,0	2,0	3,0	4,0	6,0	10
$k = 1{,}5$	0,0166	0,0133	0,0114	0,0091	0,0080	0,0074	0,0065	0,0055
$= 5$	0,0244	0,0183	0,0166	0,0133	0,0117	0,0107	0,0094	0,0060
$= 10$	0,0301	0,0244	0,0206	0,0166	0,0147	0,0133	0,0117	0,01

Bei Kanälen mit quadratischem oder rechteckigem Querschnitt mit den Seiten m und n m ist ein gleichwertiger Innendurchmesser D_m nach der Formel[1])

$$D_m = \frac{2\,m \cdot n}{m + n} \text{ m}$$

zu bestimmen; die Rechteckrohre entsprechen dann hinsichtlich der Rohrreibung einem Ersatzrundrohr vom Durchmesser D_m m.

Ist ein Schornsteinhohlraum kein Zylinder sondern ein Kanal mit veränderlichem Querschnitt, so ändert sich p_{dv} für verschiedene Schornsteinquerschnitte, und zwar mit dem Quadrat der Geschwindigkeit bzw. mit der 4. Potenz des Durchmessers. Für einen abgestumpften Hohlkegel der Höhe h m, der oberen Lichtweite D_0 m, mit dem dynamischen Druck p_{dv_0} mm WS an dieser Stelle und der unteren Lichtweite D m und $c = (D - D_0)/h$ besteht z. B. unter Annahme gleichbleibender Innentemperatur folgende Differential-

---

[1]) Von dem hiernach berechneten gleichwertigen Innendurchmesser D_m darf nur Gebrauch gemacht werden, wenn D in einfacher Potenz in der Reibungsformel vorkommt. Kommt D in höherer Potenz vor, so trifft die Umrechnung nicht mehr zu.

gleichung für die Reibung in einem x m von der oberen Mündung entfernten Punkt:

$$dR = \lambda \cdot p_{dv_0} \cdot dx \cdot \frac{D_0{}^4}{(D_0 + cx)^5}.$$

Für die Gesamtreibung des Strömungsvorgangs im Hohlkegel ergibt sich:

$$R = \lambda \cdot p_{dv_0} \cdot \int \frac{D_0{}^4}{(D_0 + cx)^5} \cdot dx$$

$$= - \frac{\lambda \cdot p_{dv_0}}{4c} \left(\frac{D_0}{D_0 + ch} \right)^4 + C.$$

Die Konstante C bestimmt sich aus der Erwägung, daß R für die Schornsteinmündung Null sein muß; dann ist

$$R = \frac{\lambda \cdot p_{dv_0}}{4c} \left(1 - \frac{D_0{}^4}{(D_0 + ch)^4} \right)$$

oder nach weiterer Umformung:

$$R = \lambda \cdot p_{dv_0} \cdot \frac{h \cdot b}{4 D_0} (1 + b + b^2 + b^3) \text{ mm WS,}$$

wenn $b = D_0/D$ gesetzt wird.

Schlußfolgerungen. Durch diese Darlegung lassen sich eine Reihe verschiedener oft aufgeworfener Fragen klären, z. B. ist eine Schornsteinerhöhung erfolgreich, ist es besser den Schornstein oben weiter oder enger zu machen usw.

V. Teil.

Modell zur Vorführung der Arbeitsweise von Schornsteinen.

Zur Darstellung der Arbeitsweise von Schornsteinen kann man sich folgender Einrichtung bedienen (vgl. Abb. 35 u. 36): Ein Rohr von etwa 6 cm lichtem Durchmesser und etwa 2 m Länge, das zweckmäßig aus Asbestzement mit 1 cm Wandstärke besteht, wird an einem Stativ aus Gasrohr befestigt. Das Asbestzementrohr hat auf seiner ganzen Länge Bohrungen mit 20 cm Abständen, von denen Meßröhrchen aus Glas od. dgl. von 2—3 mm Lichtweite zu einem Sammelrohr führen. An das Sammelrohr ist in der Mitte ein Meßgerät zur Anzeige von Unter- und Überdruck angeschlossen. Das Meßgerät (am besten ein Membraninstrument mit großer Skala) soll einen Meßbereich von etwa + 2 mm WS bis — 2 mm WS haben und kleinste Drücke ($^1/_{10}$ mm WS) genau und schnell anzeigen. In die Meßröhrchen, die die Verbindung vom Hauptrohr zum Sammelrohr herstellen, sind Absperrhähne eingebaut, so daß bei Öffnung eines Hahnes — alle übrigen Hähne sind geschlossen — vom Meßgerät der Gasdruck jeweils an der Stelle im Hauptrohr angezeigt wird, wo das Meßröhrchen vom Hauptrohr abzweigt. In die untere Öffnung des Hauptrohres kann ein geeigneter Bunsenbrenner hineinbrennen, der die heißen Verbrennungsgase für das Vorführungsmodell liefert. Um verschiedene Strömungswiderstände im Hauptrohr anbringen zu können, befindet sich über der oberen Ausmündung eine Rolle, über die ein geschmeidiger Draht läuft, an dessen Ende ein Drahtkorb zur Aufnahme verschiedener Siebe oder Lochplatten angebracht ist. Dieser Drahtkorb ist mittels des über die Rolle geführten Drahtes in der Achse des Hauptrohres nach oben und unten verstellbar, kann also im Hauptrohr hinauf- und heruntergelassen werden und durch Befestigung des herausragenden Drahtendes an jeder beliebigen Stelle des Hauptrohres fixiert werden. Damit man weiß, an welcher Stelle im Hauptrohr sich gerade der Korb befindet, bewegt sich mit dem im Rohrinnern befindlichen Korb an der Außenseite des Hauptrohres eine rote Kugel. Diese rote Kugel, die ebenfalls

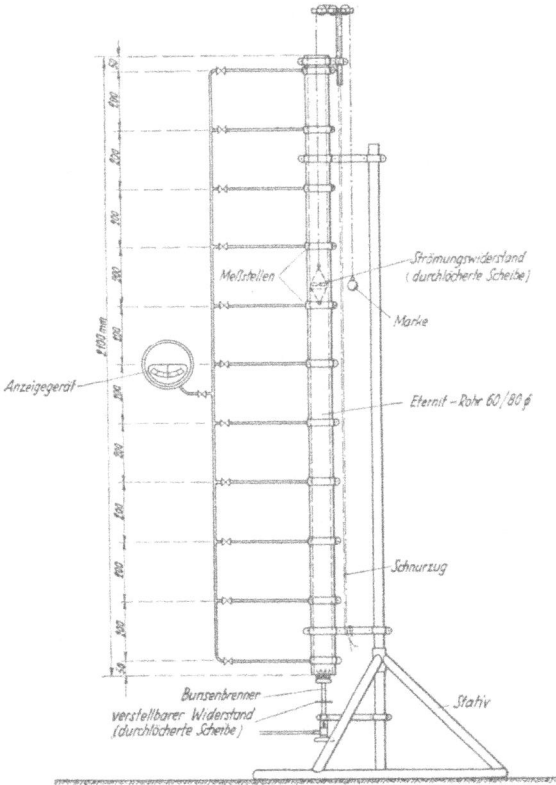

Abb. 35. Modell zur Vorführung der Arbeitsweise von Schornsteinen.

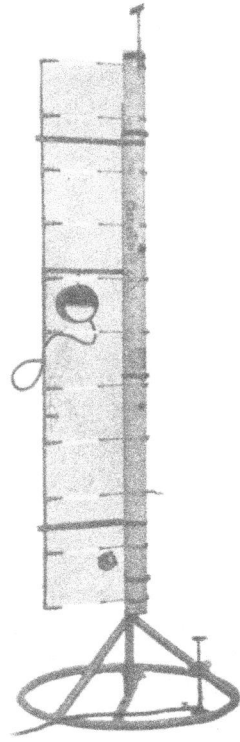

Abb. 36. Photographische Aufnahme des Vorführungs- oder Lehrmodelles.

an einem besonderen Draht geführt ist, macht stets die gleichen Auf- und Abwärtsbewegungen wie der Korb im Rohr selbst. Statt nur eines Korbes kann man auch zwei oder mehrere Körbe in gewissen Abständen im Hauptrohr an dem Draht befestigen; dann hat man außen ebenso viele rote Kugeln in gleichen Abständen anzuordnen.

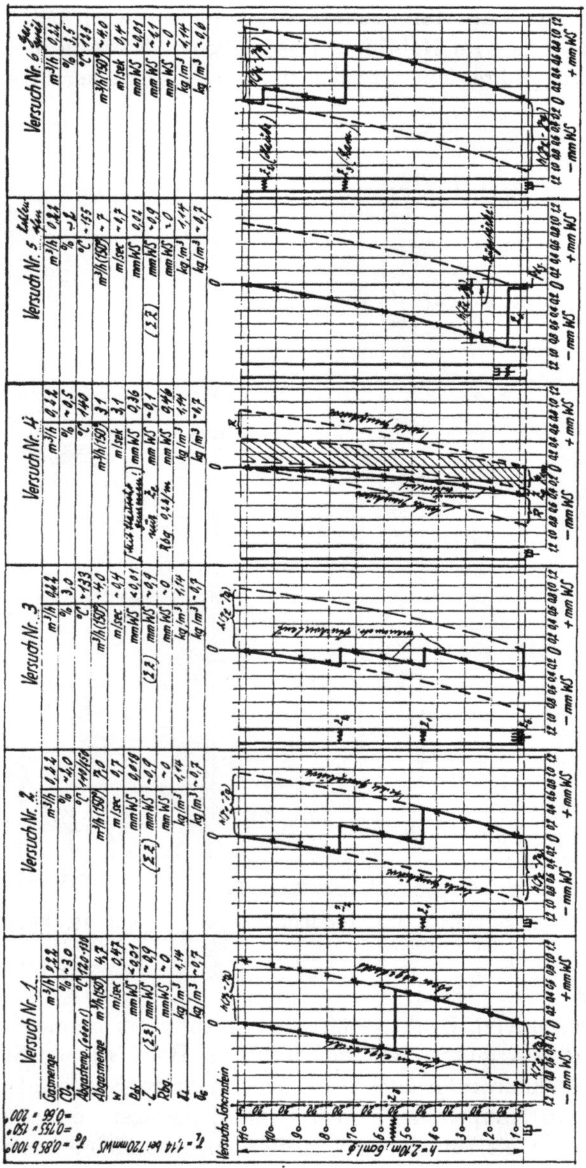

Abb. 37. Druckkurven, die mit dem Lehrmodell aufgenommen sind.

Die Demonstrationsversuche sind folgendermaßen auszuführen: Man legt in den Korb ein Drahtsieb oder eine Lochplatte von hohem oder niedrigem Strömungswiderstand und läßt den Widerstand durch die obere Rohröffnung mittels des Drahtes in der Hauptrohrachse nach unten gleiten und fixiert ihn an einer beliebigen Stelle zwischen zwei Meßstellen (Abzweigstellen der Meßröhrchen). Man schließt sämtliche Hähne, zündet dann den Bunsenbrenner an, läßt die Einrichtung in Beharrungszustand kommen und nimmt dann die Kurve des manometrischen Druckverlaufs in der Weise auf, daß man nacheinander jeweils nur einen Hahn öffnet, den vom Meßgerät angezeigten Druck in ein Diagramm einträgt und so alle Meßstellen durchgeht. Durch Verbindung der Meßpunkte bekommt man den manometrischen Druckverlauf im Rohr unter den Verhältnissen, die man gewählt hatte. Die Grenzkurven bekommt man durch Abdeckung der oberen bzw. unteren Hauptrohröffnung. (Der Bunsenbrenner muß im letzten Fall etwas in das Hauptrohr hineingeschoben werden und die Öffnung dann fast ganz abgedeckt werden.) Durch Änderung der Anzahl und der örtlichen Lage der Widerstände im Rohr, ferner durch Einlegen verschieden durchlässiger Siebe oder Lochplatten, also durch Änderung der Größe der Widerstände kann man die verschiedensten Kombinationen herstellen und hierbei die Druckverteilung im Rohr studieren. Das Experimentieren mit diesem leicht herstellbaren Modell ist sehr lehrreich und fördert wegen der Anschaulichkeit das Verständnis für die Strömungsvorgänge in Schornsteinen.

Abb. 37 zeigt einige Schaubilder, die an einem derartigen Versuchsmodell unter verschiedenen Verhältnissen aufgenommen wurden.

VI. Teil.

Zusammenfassung der Bezeichnungen und Begriffe.

(Dazu Abbildung 38.)

VI A. Allgemeine Bezeichnungen:

1. Die Feuerungsanlage umfaßt die Einrichtungen zur Erzeugung der Wärme, zur Ausnutzung der Wärme und zur Abführung der Verbrennungserzeugnisse.

2. Die Feuerstätte ist die an den Schornstein angeschlossene und gebrauchsfertige Vorrichtung zur Erzeugung und Ausnutzung der Wärme.

3. Züge sind Gas- und Luftwege innerhalb der Feuerstätten.

4. Abgasleitung ist die Gesamtheit des Abgasweges ab Feuerstätte bis zur Ausmündung ins Freie.

5. Schornstein ist der aufwärtsführende Kanal zur Abführung der Verbrennungserzeugnisse einer oder mehrerer Feuerstätten ins Freie. Bei Feuerstätten für feste Brennstoffe besteht der Schornstein meist aus Ziegelsteinen oder ähnlichen Stoffen.

   Bei Gasfeuerstätten ist darüber hinaus jeder auch aus anderen geeigneten Baustoffen hergestellte, aufwärtsführende Kanal als Schornstein anzusprechen, selbst dann, wenn die Ausmündung des Schornsteins in einigen wenigen Ausnahmen nicht über Dach führt, sondern im Dachboden endet.

   Eine Abgasleitung für die Abführung der Abgase unmittelbar durch die Wand ins Freie ist in diesem Sinne kein Schornstein. Diese Abgasabführung ist nur als Notbehelf anzusehen und nur in Ausnahmefällen zugelassen.

6. Abgasrohr oder Rauchrohr (in besonderen Fällen auch Fuchs) ist die Verbindungsleitung von einer Feuerstätte zum Schornstein.

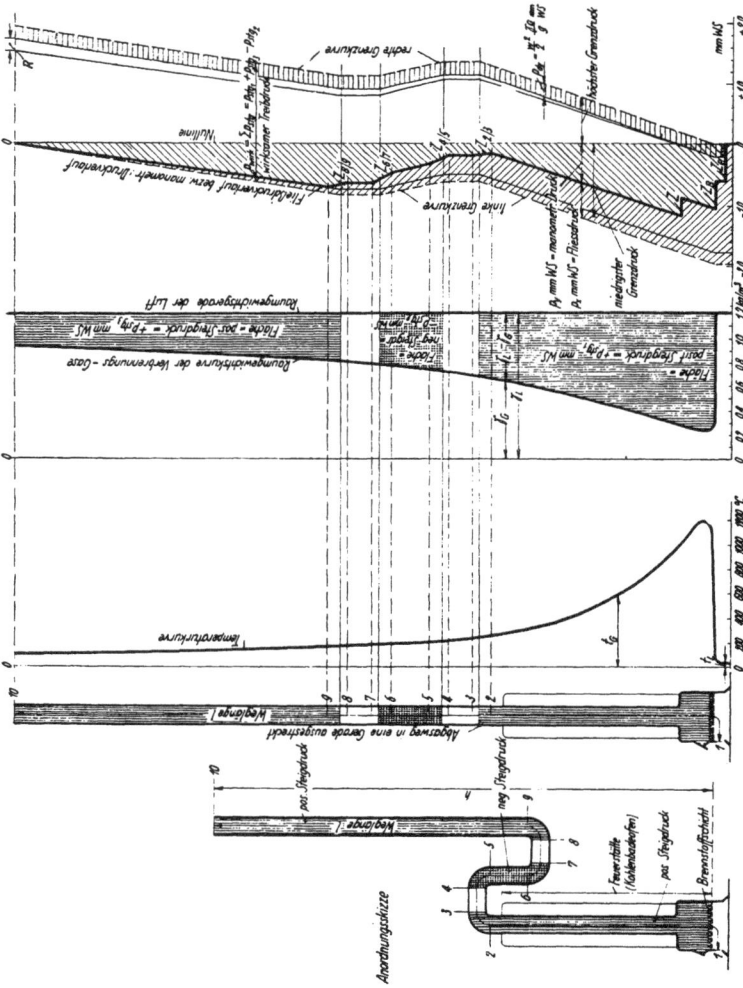

Abb. 38. Schaubild zur Erläuterung des Abschnittes VI.

VI B. Formelzeichen, Maßeinheiten und Benennungen:

	Formelzeichen	Maßeinheiten	Benennung
7.	l	m	Länge des Weges, den Verbrennungsluft und Verbrennungsgase zurücklegen.
8.	h	m	Höhe dieses Weges (= die waagerechte Projektion von l)
9.	F	m²	Querschnitt eines Kanals.
10.	D	m	Durchmesser eines runden Kanals.
11.	m, n	m	Seitenlängen eines rechteckigen Kanals.
12.	t_L	°C	Temperatur der Luft.
13.	t_G	°C	Temperatur der Verbrennungsgase.
14.	γ_L	kg/m³	Raumgewicht der Luft im Zustand an der Meßstelle.
15.	γ_G	kg/m³	Raumgewicht der Verbrennungsgase im Zustand an der Meßstelle.
16.	V	m³	Volumen.
17.	Q	m³/s	Das in der Sekunde durch einen Querschnitt strömende Volumen.
18.	G	kg/s	Die in der Sekunde durch einen Querschnitt strömende Gewichtsmenge eines Gases.
Drücke:			
19.	P	kg/m² od. mm WS	Absoluter Druck eines Gases.
20.	p	kg/m² od. mm WS	Druck eines Gases bei Messung gegen die ruhende Atmosphäre (Atmosphärendruck ist Bezugs- oder Nulldruck).
21.	$+p$	kg/m² od. mm WS	bedeutet Überdruck.
22.	$-p$	kg/m² od. mm WS	bedeutet Unterdruck.
Hierzu treten folgende Zeiger:			
23.	Zeiger st		bedeutet statischer Druck.
24.	Zeiger dy		bedeutet dynamischer Druck oder Geschwindigkeitsdruck.
25.	Zeiger ges		bedeutet Gesamtdruck.
Ferner bedeutet:			
26.	ΔP oder Δp	kg/m² od. mm WS	Ein Druckunterschied zwischen zwei Stellen.
27.	b	mm QS (oder mm WS)	Barometrischer Druck.

	Formelzeichen	Maßeinheiten	Benennung

Strömungszustände:

28.	w	m/s	Strömungsgeschwindigkeit.
29.	$+w$	m/s	**Aufströmung** = eine von der Feuerstätte nach der Schornsteinausmündung gerichtete Geschwindigkeit der Verbrennungsgase in der Feuerung.
30.	$\rightarrow w$	m/s	**Rückströmung** = eine von der Schornsteinausmündung nach der Feuerstätte gerichtete Geschwindigkeit der Abgase bzw. Luft.
31.	$w = 0$	m/s	**Ruhezustand** = ein bewegungsloser Zustand der Gase in der Feuerungsanlage.

Widerstände:

32.	R_s	mkg/m³ bzw. $kg/m^2 \cdot \frac{1}{m}$ oder $mm\ WS \cdot \frac{1}{m}$	**Spez. Reibung** = der durch Reibung des Gases verursachte Verlust an spez. Treibenergie (s. unten) bzw. Treibdruck (s. unten) auf 1 m Weglänge.
33.	$R = l \cdot R_s$	mkg/m³ bzw. kg/m² od. mm WS	**Gesamttreibung** = der durch Reibung des Gases verursachte Verlust an spez. Treibenergie (s. unten) bzw. Treibdruck (s. unten) auf l m Weglänge.
34.	Z	mkg/m³ bzw. kg/m² od. mm WS	Der durch einen **Einzelwiderstand** verursachte Verlust an spez. Treibenergie (s. unten) bzw. Treibdruck (s. unten.)

Dynamischer Druck:

35.	$p_{dy} = \frac{w^2}{2} \cdot \frac{\gamma}{g}$	mkg/m³ bzw. kg/m² od. mm WS	**Kinetische Energie** von 1 m³ Gas bzw. Dynamischer Druck oder Geschwindigkeitsdruck.

Kräfte:

Ist eine Gasmenge V m³ mit dem Raumgewicht γ_G kg/m³ von Luft mit dem Raumgewicht γ_L kg/m³ umgeben und sind die beiden Raumgewichte voneinander verschieden, so bestehen folgende Zusammenhänge:

36.	$A = V \cdot \gamma_L$	kg	**Auftriebskraft** = die senkrecht nach oben gerichtete Kraft, die die Luft auf das Gasvolumen V ausübt und deren Größe dem Gewicht der von dem Gasvolumen V verdrängten Luft entspricht.
37.	$G_G = V \cdot \gamma_G$	kg	**Eigengewicht** des Gases.
38.	$S_{stg} = V(\gamma_L - \gamma_G)$	kg	**Steigkraft** des Gases, wenn das Gas leichter als die Luft ist $(\gamma_G < \gamma_L)$; die aufwärts gerichtete Steigkraft ist gleich der Auftriebskraft, vermindert um das Eigengewicht des Gases.

9*

	Formelzeichen	Maßeinheiten	Benennung
39.	$S_f = V (\gamma_G - \gamma_L)$	kg	Fallkraft des Gases, wenn das Gas schwerer als die Luft ist, $(\gamma_G > \gamma_L)$; die abwärts gerichtete Fallkraft ist gleich dem Eigengewicht des Gases vermindert um die Auftriebskraft.

Treibenergie, Treibdrücke:

	Formelzeichen	Maßeinheiten	Benennung
40.	E	mkg	Treibenergie ist das zur Durchführung eines Strömungsvorgangs zur Verfügung stehende Arbeitsvermögen.
41.	e	mkg/m³	Spezifische Treibenergie = Treibenergie bezogen auf 1 m³ Gas.

Anmerkung: Da die auf 1 m³ bezogene Energie des Gases (mkg/m³) identisch ist mit dem Gasdruck in kg/m² oder mm WS — jedenfalls bei kleineren Drücken — kann man für die spezifische Energie des Gases (mkg/m³) auch den Gasdruck (kg/m² oder mm WS) setzen, wobei man natürlich die Verschiedenheit der Maßeinheit beachten muß. Im folgenden sind die einander entsprechenden Werte nacheinander aufgeführt.

Folgende zwei Treibenergien bzw. Treibdrücke sind wohl zu unterscheiden:

1. Spez. Treibenergie infolge äußerer Druckunterschiede, die zwischen der Umgebung der Feuerstätte und der Umgebung der Schornsteinausmündung bestehen können. Diese Treibenergie wird äußere Treibdruckenergie genannt und mit e_a mkg/m³ bezeichnet.

1 a. Treibdruck infolge äußerer Druckunterschiede, die zwischen der Umgebung der Feuerstätte und der Umgebung der Schornsteinausmündung bestehen können. Dieser Treibdruck wird äußerer Treibdruck genannt und mit Δp kg/m² oder mm WS bezeichnet.

2. Treibenergie infolge Raumgewichtsunterschiede zwischen den Gasen innerhalb und außerhalb der Feuerungsanlage. Diese Treibenergie wird Steigenergie bzw. Fallenergie genannt und mit e_{stg} bzw. e_f mkg/m³ bezeichnet.

2 a. Treibdruck infolge Raumgewichtsunterschiede zwischen den Gasen innerhalb und außerhalb der Feuerungsanlage. Dieser Treibdruck wird Steigdruck bzw. Falldruck genannt und mit p_{stg} bzw. p_f kg/m² oder mm WS bezeichnet.

	Formelzeichen	Maßeinheiten	Benennung
42.	Zu 1 bzw. 1 a: $+ e_a$	mkg/m³	Aufstromfördernde Druck-energie = äußere Druckener-gie, durch die — wenn sie allein vorhanden wäre — eine Auf-strömung entstehen kann.
42a.	$+ \varDelta p$	kg/m² od. mm WS	Aufstromfördernder Treib-druck = äußerer Treibdruck, durch den — wenn er allein vor-handen wäre — eine Aufströ-mung entstehen kann. Aufstellraum U-Rohr
43.	$- e_a$	mkg/m³	Aufstromhemmende Druck-energie = äußere Druckener-gie, durch die — wenn sie allein vorhanden wäre — eine Rück-strömung entstehen kann.
43a.	$- \varDelta p$	kg/m² od. mm WS	Aufstromhemmender Treib-druck = äußerer Treibdruck, durch den — wenn er allein vor-handen wäre — eine Rückströ-mung entstehen kann. Aufstellraum U-Rohr
44.	Zu 2 bzw. 2 a: $E_{stg} = V \cdot (\gamma_L - \gamma_G)\, h$ oder allgemein bei veränderlichem γ_G: $E_{stg} =$ $\int\limits_0^h V \cdot (\gamma_L - \gamma_G) \cdot d\,h$	mkg	Steigenergie einer leichteren Gasmenge = Arbeitsvermögen des Gasvolumens V auf der Weg-strecke h m.
45.	$e_{stg} = (\gamma_L - \gamma_G)\, h$ oder allgemein bei veränderlichem γ_G: $e_{stg} = \int\limits_0^h (\gamma_L - \gamma_G) \cdot d\,h$	mkg/m³	Spezifische Steigenergie.

Formelzeichen	Maßeinheiten	Benennung
45a. $p_{stg} = (\gamma_L - \gamma_G)\, h$ oder allgemein bei veränderlichem γ_G: $p_{stg} = \int_0^h (\gamma_L - \gamma_G) \cdot dh$	kg/m² od. mm WS	Steigdruck des Gases. Schraffierte Fläche = Steigdruck

Anmerkung: Man spricht von positiver Steigenergie bzw. positivem Steigdruck (also $+ e_{stg}$ bzw. $+ p_{stg}$), wenn die Strömungsrichtung im Kanal nach aufwärts gerichtet ist (also mit der Richtung der Steigkraft zusammenfällt.

Man spricht von negativer Steigenergie bzw. negativem Steigdruck (also $- e_{stg}$ bzw. $- p_{stg}$), wenn die Strömungsrichtung im Kanal nach abwärts gerichtet ist (also der Richtung der Steigkraft entgegengesetzt ist), z. B. in fallenden Zügen.

	Formelzeichen	Maßeinheiten	Benennung
46.	$E_f = V\,(\gamma_G - \gamma_L) \cdot h$	mkg	Fallenergie einer schweren Gasmenge = Arbeitsvermögen des Gasvolumens V auf der Wegstrecke h m.
47.	$e_f = (\gamma_G - \gamma_L)\, h$ oder allgemein bei veränderlichem γ_G: $e_f = \int_0^h (\gamma_G - \gamma_L)\, dh$	mkg/m³	Spezifische Fallenergie.
47a.	$p_f = (\gamma_G - \gamma_L)\, h$ oder allgemein bei veränderlichem γ_G: $p_f = \int_0^h (\gamma_G - \gamma_L)\, dh$	kg/m² od. mm WS	Falldruck des Gases. Schraffierte Fläche = Falldruck.
48.	e_{wirk}	mkg/m³	Wirksame spezifische Treibenergie = die aus einzelnen, in verschiedenen Teilen der Feuerungsanlage vorhandenen Treibenergien resultierende Gesamt-Treibenergie, die maßgebend für die Richtung und die Höhe der Geschwindigkeit des

	Formelzeichen	Maßeinheiten	Benennung
48a.	p_{wirk}	kg/m² od. mm WS	Strömungsvorgangs ist; formelmäßig ist: $e_{\text{wirk}} = \varSigma\, e_{\text{stg}} - \varSigma\, e_f \pm e_a =$ $= \dfrac{w^2}{2\,g}\,\gamma + \varSigma\, R + \varSigma\, Z \ \text{mkg/m}^3.$ Wirksamer Treibdruck = der aus einzelnen, in verschiedenen Teilen der Feuerungsanlage vorhandenen Treibdrücken resultierende Gesamttreibdruck, der maßgebend für die Richtung und die Höhe der Geschwindigkeit des Strömungsvorgangs ist; formelmäßig ist: $p_{\text{wirk}} = \varSigma\, p_{\text{stg}} - \varSigma\, p_f \pm \varDelta\, p =$ $= \dfrac{w^2}{2\,g}\,\gamma + \varSigma\, R + \varSigma\, Z \ \text{kg/m}^2$ oder mm WS.

Anmerkung: Es brauchen während des Betriebes einer Feuerungsanlage nicht immer sämtliche aufgeführten Einzeltreibenergien bzw. Einzeltreibdrücke vorhanden zu sein, meistens sind sogar einige davon Null.

Die durch Treibdrücke und Widerstände hervorgerufenen Gasdrücke in der Feuerungsanlage.

	Formelzeichen	Maßeinheiten	Benennung
49.		kg/m² od. mm WS	Niedrigster Grenzdruck ist der kleinste statische Druck, der sich an einer Meßstelle in der Feuerungsanlage bei Messung gegen die Atmosphäre bei völliger Schließung der Eintrittsöffnung des Verbrennungsgaskanals unter den vorhandenen Verhältnissen einstellt.
50.		kg/m² od. mm WS	Höchster Grenzdruck ist der größte statische Druck, der sich an einer Meßstelle der Feuerungsanlage bei Messung gegen die Atmosphäre bei ganz abgedeckter Schornsteinausmündung unter den vorhandenen Verhältnissen einstellt. NB. Die Summe: Niedrigster Grenzdruck + höchster Grenzdruck — gemessen an der gleichen Stelle — ist die Größe des wirksamen Treibdrucks.

Formelzeichen	Maßeinheiten	Benennung
51.		**Linke Grenzkurve** ist die Verbindungslinie aller niedrigsten Grenzdrücke, wenn man diese abhängig von der Weglänge l aufträgt.
52.		**Rechte Grenzkurve** ist die Verbindungslinie aller höchsten Grenzdrücke, wenn man diese abhängig von der Weglänge l aufträgt.
53.	p_y kg/m² od. mm WS	**Manometrischer Druck** ist der an einer Stelle in der Feuerungsanlage gegen die ruhende Atmosphäre gemessene statische Druck der strömenden Gase. Der manometrische Druck liegt stets innerhalb der beiden Grenzkurven. ˙
54.		**Manometrischer Druckverlauf** ist der Kurvenzug, der sich ergibt, wenn man die an den verschiedenen Stellen in der Feuerungsanlage herrschenden manometrischen Drücke abhängig von der Weglänge l in einem Schaubild aufträgt und die so erhaltenen Punkte verbindet.
55.	p_x kg/m² od. mm WS	**Fließdruck** ist für die hier vorliegende Betrachtung der an einer Stelle der Feuerungsanlage zu errechnende statische Druck bezogen auf den zugehörigen niedrigsten Grenzdruck, oder mit anderen Worten: der jeweilige Fließdruck ist die arithmetische Addition von niedrigstem Grenzdruck und manometrischem Druck an dieser Stelle. Der jeweilige Fließdruck ist ein Maß für den Rest an Treibdruck, der dem Gas für den Strömungsvorgang an dieser Stelle noch zur Verfügung steht.
56.		**Fließdruckverlauf** ist der Kurvenzug, der sich ergibt, wenn man die an den verschiedenen Stellen in der Feuerungsanlage sich rechnerisch ergebenden Fließdrücke abhängig von der Weglänge l in einem Schaubild aufträgt und die so erhaltenen Punkte verbindet.

Formelzeichen	Maßeinheiten	Benennung
Mechanische Leistung:		
57. N	mkg/s	Mechanische Leistung bei der Abgasströmung = das Produkt: Sekundliches Abgasvolumen Q m³·s × Treibdruck kg·m². Da als Treibdrücke der äußere Treibdruck $+ .1 p$ bzw. $— .1 p$, ferner der Steigdruck p_{stg} bzw. der Falldruck p_f in Frage kommen, kann man folgende Leistungen unterscheiden:
58. $N_{.1 p} = Q \cdot .1 p$	mkg/s	Äußere Druckleistung.
59. $N_{stg} = Q \cdot p_{stg}$	mkg/s	Steigleistung.
60. $N_f = Q \cdot p_f$	mkg/s	Fall-Leistung.
61. $N_{ges} = Q \times (\Sigma p_{stg} - \Sigma p_f \pm .1 p) = Q \cdot p_{wirk}$	mkg/s	Gesamtleistung.

Anmerkung: Die Gesamtleistung ist maßgebend für den Strömungsvorgang. Die äußere Druckleistung wird von außen an die Feuerungsanlage (z. B. bei einer Unterwindfeuerung durch einen Verdichter) herangetragen und in der Feuerungsanlage für den Strömungsvorgang verbraucht; die Steig- oder Fall-Leistung wird in der Feuerungsanlage (insbesondere im Schornstein) erzeugt und ebenfalls in der Feuerungsanlage für den Strömungsvorgang verbraucht.

Bei der Steigleistung des Schornsteines kann man noch folgende Unterschiede machen:

Formelzeichen	Maßeinheiten	Benennung
62. $N_{stg-id.} = Q \cdot (\gamma_L - \gamma_{Ge}) h$	mkg/s	Ideelle Steigleistung für den Fall, daß das Raumgewicht des Gases am Eintritt in den Schornstein ($= \gamma_{Ge}$) auf der ganzen Länge erhalten bliebe. (Setzt wärmeundurchlässigen Ideal-Schornstein voraus.)
63. $N_{stg} = Q \cdot \int_0^h (\gamma_L - \gamma_G) \, dh$	mkg/s	Tatsächlich erzeugte Steigleistung bei zunehmendem Raumgewicht des Gases im Schornstein infolge Wärmeverluste der Abgase durch die Wandung des Schornsteins.

Sieht man bei solchen industriellen Feuerungsanlagen, bei denen in der Feuerstätte selbst keine Steigleistung erzeugt wird — z. B. beim liegenden Flammrohrkessel — den Schornstein als leistungerzeugende Vorrichtung (Kraftmaschine), die Feuerstätte als leistungverbrauchende Einrichtung an, so bezeichnet man die vom Schornstein an die Feuerstätte abgegebene mechanische Leistung oft als die Nutzleistung des Schornsteines. Diese Nutzleistung hat folgenden Wert: Im Schornstein erzeugte Steigleistung vermindert um den Eigenverbrauch des Schornsteins an Leistung. Dieser Eigenverbrauch kommt zustande durch Strömungswiderstände W_{sch} mm WS im Schornstein (Reibung + Einzelwiderstände + ev. Gasbeschleunigung bei sich verjüngenden Schornsteinen) und beträgt:

	Formelzeichen	Maßeinheiten	Benennung
64.	$N_v = Q \cdot W_{sch}$	mkg/s	Leistungsverbrauch des Schornsteins.
65.	$N_n = N_{stg} - N_v =$ $= Q \left(\int_0^h (\gamma_L - \gamma_G)\, dh - W \right)$	mkg/s	Nutzleistung = die vom Schornstein an die Feuerstätte abgegebene Leistung.
66.	$\eta = \dfrac{N_n}{N_{stg}} =$ $= 1 - \dfrac{W_{sch}}{\int_0^h (\gamma_L - \gamma_G)\, dh}$		Wirkungsgrad des Schornsteins.

Bezeichnet W_F mm WS die Gesamtwiderstände (einschl. p_{dy}) der Verbrennungsgase in der Feuerstätte, also bis zum Eintritt in den Schornstein, und beachtet man, daß der manometrische Druck (Unterdruck) p_{y-u} mm WS der Abgase am Fuße des Schornsteins mit W_F mm WS identisch ist, ferner daß $W_{sch} + W_F = \int_0^h (\gamma_L - \gamma_G)\, dh$ mm WS, so ist auch

67.	$\eta = \dfrac{W_F}{\int_0^h (\gamma_L - \gamma_G)\, dh} = \dfrac{p_{y-u}}{\int_0^h (\gamma_L - \gamma_G)\, dh}$	Wirkungsgrad des Schornsteins.

Anmerkung: Bei Gasfeuerungsanlagen soll in den meisten Fällen die Nutzleistung des Schornsteines bzw. der Abgasleitung und damit auch der Wirkungsgrad der Abgasleitung Null sein; deshalb werden Zugunterbrecher und Rückstromsicherungen bei Gasfeuerungsanlagen (s. unten) eingebaut.

VI C. In der Praxis vielfach benutzte unklare Benennungen.

68. Zug: Der in der Praxis benutzte Ausdruck »Zug« bei Feuerstätten ist kein eindeutiger Begriff. Man verbindet mit den Worten »Der Schornstein hat Zug« gewöhnlich die Auffassung, daß vom Schornstein oder durch den Schornstein eine Energie wirksam wird, zufolge derer ein Strömungsvorgang nach aufwärts zustande kommen kann und Strömungswiderstände (z. B. der Widerstand des Brennstoffbettes oder der Wärmeaustauschflächen) bei eingetretener Strömung überwunden werden.

69. Zugstärke: Unter »Zugstärke« versteht man den Druck (meist Unterdruck) der Abgase, den sie an einer Stelle des Schornsteines gegenüber dem Druck der umgebenden Luft (dieser gleich Null gesetzt) während des Strömungsvorgangs haben. Die Zugstärke wird in mm WS ausgedrückt und meist am Fuße des Schornsteines oder in der Abgasleitung unmittelbar nach der Feuerstätte festgestellt. Die Druckänderungen der Abgase werden durch die Treibdrücke in Verbindung mit vorhandenen Einzelwiderständen hervorgerufen. Da die Größe des Druckunterschiedes, der zwischen Abgasen im Schornstein und ruhender Atmosphäre an einer Stelle des Schornsteines vorhanden ist, nicht allein von dem Wert $h\,(\gamma_L - \gamma_G)$, sondern besonders von der Lage der Meßstelle in der Abgasleitung sowie von der Lage der Meßstelle zu Einzelwiderständen im Abgasweg abhängt, entspricht der Meßwert (die »Zugstärke«) im allgemeinen nicht dem Wert $h\,(\gamma_L - \gamma_G)$. Die Zugstärke kann aus den genannten Gründen im allgemeinen nicht als brauchbares Maß für die Beurteilung der Abzugsverhältnisse einer Feuerstätte angesehen werden. Nur bei Erfüllung sämtlicher im folgenden aufgeführten Voraussetzungen entspricht die Zugstärke etwa dem Wert $h\,(\gamma_L - \gamma_G)$:

1. Die Meßstelle muß sich am Fuße des Schornsteines befinden,

2. die Feuerstätte muß so beschaffen sein, daß darin keine Steigenergie erzeugt wird (z. B. beim liegenden Flammrohrkessel der Fall),

3. fallende Züge dürfen nicht vorhanden sein,

4. alle Strömungswiderstände müssen sich vor dem Eintritt der Abgase in den Schornstein befinden,

5. im Schornstein selbst dürfen nennenswerte Strömungswiderstände nicht vorhanden sein,

6. Zwischen Feuerstätte und Abgasleitung darf kein Zugunterbrecher (s. unten) eingebaut sein,

7. äußere Druckunterschiede dürfen nicht vorhanden sein.

Bei der Ermittlung der »Zugstärke« einer Feuerungsanlage muß man die Verhältnisse von Fall zu Fall daraufhin prüfen, ob die genannten Voraussetzungen für eine erfolgreiche Messung gegeben sind.

70. Stau ist eine Behinderung der Aufströmung durch Strömungswiderstände oder durch aufstromhemmende Treibdrücke. Man bezeichnet aber gewöhnlich diese Behinderung der Abgasströmung nur dann als Stau, wenn die Widerstände so groß werden oder der wirksame Treibdruck so klein wird, daß der Abgaskanal nicht sämtliche Abgasmengen abführt, die man ihm unter normalen Verhältnissen zur Abbeförderung zumuten kann und zumutet. Die Widerstände können sogar so groß werden oder der wirksame Treibdruck kann so klein werden, daß die Abgasbewegung ganz aufhört (Ruhezustand durch vollkommenen Stau).

VID. Einrichtungen zur Erzielung einer ungestörten Verbrennung in den Gasfeuerstätten.

71. Zugunterbrechung ist eine im Abgasrohr oder in der Gasfeuerstätte vorgesehene Einrichtung, durch die eine so weitgehende freie Verbindung der Abgase mit der umgebenden Luft geschaffen wird, daß die Abgase im Zugunterbrecher stets den Druck der umgebenden Luft haben. Dadurch wird erreicht, daß der Strömungsvorgang in der Gasfeuerstätte stets unter den gleichen Bedingungen stattfindet und nicht durch Veränderungen des Treibdrucks in der nachfolgenden Abgasleitung beeinflußt wird.

(Der Zugunterbrecher bewirkt daher Konstanthaltung des Verbrennungsluftüberschusses in den Gasfeuerstätten bei Treibdruckschwankungen in der Abgasleitung.)

72. **Stausicherung** ist eine im Abgasrohr oder in der Gasfeuerstätte vorgesehene Einrichtung, die eine Verbindung der Abgase mit der umgebenden Luft darstellt und bei Stau Abgase in den Raum entweichen läßt, so daß die Verbrennung des Gases in der Gasfeuerstätte nicht wesentlich beeinflußt wird.

> A n m e r k u n g z u 71 u n d 72. Konstruktiv sind Zugunterbrechung und Stausicherung zu nur einer Sicherung vereinigt. Ein richtig gebauter Zugunterbrecher ist zugleich Stausicherung oder umgekehrt.

73. **Rückstromsicherung** ist eine in der Gasfeuerstätte oder im Abgasrohr vorgesehene Einrichtung, die eine Verbindung der Abgase mit der umgebenden Luft an dieser Stelle darstellt und bei Rückströmung im Schornstein die Abgase der Gasfeuerstätte in den Raum entweichen läßt, so daß der Verbrennungsvorgang nicht wesentlich beeinflußt wird.

> A n m e r k u n g : Eine Rückstromsicherung ist meistens zugleich Zugunterbrechung, Stausicherung und Rückstromsicherung; sie macht den Strömungsvorgang in der Gasfeuerstätte ganz unabhängig vom Strömungsvorgang der Abgase in der Abgasleitung.

74. **Windschutzhaube** ist eine an der Schornsteinausmündung vorgesehene Einrichtung, die die störenden Einflüsse des Windes auf den Strömungsvorgang des Schornsteins verhindern soll.

Über den Einbau dieser Vorrichtungen hat der Deutsche Verein von Gas- und Wasserfachmännern Sondervorschriften erlassen.

www.ingramcontent.com/pod-product-compliance
Lightning Source LLC
Chambersburg PA
CBHW031445180326
41458CB00002B/656